# 重油碱性催化剂

## ——催化裂解与气化耦合双功能催化剂研究

唐瑞源　著

中国石化出版社

## 内 容 提 要

　　本书在介绍重油热转化裂解的基础上，对催化剂的制备、重油催化裂化、催化剂的选型以及铝酸钙催化剂的相关性能进行了介绍，提出基于水蒸气解离机理的新型碳-水蒸气催化气化反应理论。

　　本书可供从事石油炼制及化工等专业的科研工作者、教师及学生参考使用。

## 图书在版编目(CIP)数据

　　重油碱性催化剂：催化裂解与气化耦合双功能催化剂研究 / 唐瑞源著. —— 北京：中国石化出版社，2020.5

　　ISBN 978-7-5114-5622-9

　　Ⅰ.①重… Ⅱ.①唐… Ⅲ.①重油催化裂化-研究
Ⅳ.①TE624.4

　　中国版本图书馆 CIP 数据核字(2020)第 061936 号

**中国石化出版社出版发行**

地址:北京市东城区安定门外大街 58 号
邮编:100011　电话:(010)57512500
发行部电话:(010)57512575
http://www.sinopec-press.com
E-mail:press@sinopec.com
北京艾普海德印刷有限公司印刷
全国各地新华书店经销

\*

710×1000 毫米 16 开本 11.5 印张 214 千字
2020 年 6 月第 1 版　2020 年 6 月第 1 次印刷
定价:68.00 元

　　随着世界常规原油储量日益减少，原油供应呈现劣质化和重质化的趋势。劣质化和重质比原油在炼油厂所占比重逐年增加，加工上述重质油不可避免会产生的大量残渣(减压渣油、常压渣油、脱油沥青和油浆)和石油焦产品。到目前为止，针对石油残渣原料的加工工艺主要有脱碳和加氢两种。脱碳工艺中渣油流化催化技术广泛应用于重油加工，但该技术在加工重金属和硫含量高的原油时，催化剂易失活，且重油转化率低。加氢工艺一般需要在氢气和高压条件下操作，但对重油直接加氢处理，装置投资和操作费用相对较高。针对现有重油加工技术的不足，提出重油催化裂解与焦炭催化气化耦合工艺，旨在实现重油分级高值化转化。重油原料首先在流化床反应器内与碱性催化剂进行快速裂解反应，多产轻质烯烃和轻质油产品；裂解产生的待生催化剂再在流化床反应器内进行气化反应获得合成气和再生碱性催化剂；此外，再生碱性催化剂在反应器内循环可为裂解提供所需反应热及催化作用。

　　本书对重油催化裂解-气化耦合工艺开展了具有重油催化裂解和焦炭催化气化双功能催化剂的基础研究，通过不同类型催化剂催化裂解重油转化性能，确定了适宜的催化剂类型，并对催化剂重油裂解反应规律以及结构类型进行优化；研究了不同因素对碱性催化剂比表面积的影响，确定适宜的催化剂制备条件；研究了不同改性剂对碱性催化剂重油裂解性能的影响，研究了碱性待生催化剂不同气化条件下的反应特性，并提出新碳-水蒸气催化气化理论。

本书获"西安石油大学优秀学术著作出版基金"资助。在编写过程中得到了中国石油大学(华东)田原宇教授和西安石油大学张君涛教授的悉心指导和大力支持，西安石油大学化学化工学院的领导和教师也给予了热情的鼓励和帮助，中国石油大学(华东)袁梦博士和徐帆帆硕士、山东科技大学蔡健龙硕士和宋文强硕士对本书部分内容的编写作了重要的辅助性工作，在此并致以衷心的感谢。

由于作者水平有限，书中不足之处在所难免，欢迎读者批评指正。

# 目 录

CONTENTS

1 绪论 ……………………………………………………………………… 1

1.1 重油热转化工艺及其催化剂研究进展 ……………………………… 3

1.1.1 国内外重油催化转化工艺 ……………………………… 3

1.1.2 重油流态化热转化工艺 ………………………………… 10

1.1.3 重油流态化热解–气化耦合工艺 ……………………… 15

1.1.4 催化剂的研究进展 ……………………………………… 19

1.2 重油裂解反应机理 ………………………………………………… 22

1.2.1 热裂解反应机理 ………………………………………… 23

1.2.2 催化裂解反应机理 ……………………………………… 25

1.3 石油焦气化 ………………………………………………………… 27

1.3.1 石油焦气化的化学反应 ………………………………… 27

1.3.2 石油焦气化反应机理 …………………………………… 28

1.3.3 石油焦气化研究进展 …………………………………… 33

1.4 重油催化裂解–气化耦合工艺特点及其应用 …………………… 37

1.4.1 工艺技术特点 …………………………………………… 37

　　　1.4.2　工艺应用 ……………………………………………………… 38

**2　催化剂制备** ……………………………………………………………… 40

　2.1　原料与仪器 …………………………………………………………… 40

　2.2　催化剂性质及制备方法 ……………………………………………… 42

　2.3　装置与操作流程 ……………………………………………………… 44

　　　2.3.1　重油催化裂解反应过程 …………………………………… 45

　　　2.3.2　碱性待生催化剂气化反应过程 …………………………… 47

　　　2.3.3　表征方法 …………………………………………………… 50

**3　重油催化裂解特性与催化剂选型** …………………………………… 53

　3.1　重油催化裂解特性 …………………………………………………… 54

　　　3.1.1　石英砂裂解重油性能 ……………………………………… 54

　　　3.1.2　FCC 催化剂催化裂解重油性能 ………………………… 56

　　　3.1.3　铝酸钙催化剂催化裂解重油性能 ………………………… 58

　3.2　待生催化剂剂气化性能 ……………………………………………… 59

　　　3.2.1　不同待生剂初始气化反应温度及产品气组成 …………… 59

　　　3.2.2　待生催化剂裂解稳定性 …………………………………… 62

　3.3　重油催化裂解条件及铝酸钙催化剂钙/铝比优选 ………………… 65

　　　3.3.1　重油催化裂解条件优选 …………………………………… 65

　　　3.3.2　铝酸钙催化剂钙/铝比优选 ……………………………… 71

　3.4　本章小结 ……………………………………………………………… 80

**4　铝酸钙催化剂比表面积调控及其重油裂解气化性能** ……………… 82

　4.1　不同模板剂的影响 …………………………………………………… 83

4.1.1　催化剂表征 ……………………………………………… 83

4.1.2　不同模板剂催化剂重油裂解性能 ……………………… 86

4.2　不同原料和煅烧温度的影响 ………………………………… 91

4.2.1　不同原料的影响 ………………………………………… 92

4.2.2　不同煅烧温度的影响 …………………………………… 94

4.2.3　不同比表面积及水热处理铝酸钙重油裂解气化性能 …… 97

4.3　本章小结 ……………………………………………………… 105

5　铝酸钙催化剂改性及其重油裂解气化性能 ………………………… 106

5.1　硝酸锰改性铝酸钙催化剂 …………………………………… 107

5.1.1　催化剂表征 ……………………………………………… 107

5.1.2　改性催化剂裂解气化重油性能 ………………………… 111

5.2　高锰酸钾改性铝酸钙催化剂 ………………………………… 116

5.2.1　催化剂表征 ……………………………………………… 116

5.2.2　重油催化裂解气化性能 ………………………………… 119

5.3　本章小结 ……………………………………………………… 126

6　碱性待生催化剂气化反应条件优化及气化反应机理 ……………… 127

6.1　碱性待生催化剂气化反应条件优选 ………………………… 128

6.1.1　气化温度对气化特性的影响 …………………………… 128

6.1.2　碱性催化剂粒度对气化特性的影响 …………………… 132

6.1.3　进水蒸气速率对气化特性的影响 ……………………… 134

6.1.4　气化时间对气化特性的影响 …………………………… 136

6.1.5　水蒸气/氧气混合气对气化特性的影响 ……………… 138

6.2　碳–水蒸气气化反应理论及其应用 ·················· 140

　6.2.1　碳–水蒸气气化性能 ·················· 141

　6.2.2　新型碳–水蒸气气化反应理论 ·················· 156

　6.2.3　新型催化气化理论的应用 ·················· 159

6.3　本章小结 ·················· 160

**7　重油碱性催化剂的优化方向** ·················· 162

**参考文献** ·················· 165

# 1 绪论

随着世界常规原油资源储量日益枯竭,原油供应呈现重质化和劣质化趋势。此外,随着近些年来非常规原油(超重油、油砂、页岩油等)开采进度加快,使得重质油年产量已占原油年产量的10%以上,有的重质油中重质组分含量甚至超过60%。众所周知,加工上述重质油原料会不可避免地产生大量石油残渣(减压渣油、常压渣油和脱油沥青等)和石油焦产品["重油"指的是原油经过加工所产生的石油残渣(常压或减压渣油)]。具体来讲,主要针对的是石油中组成最复杂,分子量最大,杂原子以及重金属(V、Ni、Fe等)含量较高的减压渣油进行研究。

用于重质油原料加工的工艺主要可分脱碳和加氢两种。对于重质原料油加氢过程通常需采用高氢压与高氢耗的操作方式,因而该工艺在国内重质油原料加工过程中所占比重相对较低。脱碳工艺主要可分为渣油流化催化、溶剂脱沥青、减黏裂化、焦化等。作为目前最常用的劣质重油延迟焦化技术,虽具有原料适应性广、能耗和投资低等优点,被广泛用于重质原料油加工,但同时也存在液体收率低、从源头上产生VOC排放、弹丸礁带来的安全隐患等问题。在加工高含硫的原油时,不可避免会产生大量难以处理的高硫石油焦,限制了该工艺的进一步推广与应用。渣油流化催化技术可实现降低裂化反应温度,提高轻质烯烃和轻质芳烃收率、产品分布灵活性,但难以适应劣质重油的高沸点、高黏度、高杂原子和重金属含量等特性。此外,现有的热转化工艺在重油高值化转化与清洁加工方面仍存在一定的劣势,如ART

工艺存在蜡油品质差，再生取热量大设计较为困难，设备易结焦，装置结构以及监测控制系统还需优化等；HCC工艺气化产热以及催化剂急冷产热利用不足，且生产相同质量乙烯产品，单位能耗相对较高；ROP工艺在工业化过程中存在的提升管、沉降器顶部、反应油气管线以及分馏塔底等结焦难题以及再生外取热量大利用难的实际情况。

在石油原料炼制加工过程中，通常需要大量氢气对劣质原料油进行前处理或后续油品精制过程，炼厂用氢气主要来自石脑油催化重整或裂解气(干气和液化石油气)分离，但这些远远不能满足劣质原料油处理需求。尤其是在加工低H/C比的重油原料时，氢气短缺的问题显得格外突出。如果可以在重油炼制过程中同时联产富氢合成气或低热值燃气，不仅可以有效拓宽炼厂用氢气的来源和途径，而且还可提高劣质重油的高效利用与炼厂经济效益。因此，如何兼顾重质油催化裂解转化，同时联产富氢合成气和避免高硫焦的产生，进而实现高效利用重质油原料，成为开发新型重质原料油炼制工艺的关键。

到目前为止，含碳化石燃料的热转化方式主要包括裂化和气化，因而在重质原料油热转化过程中，可以根据所需目标产物的类型，选择停留在不同热转化反应阶段，也可将这两类热转化方式进行耦合，发挥各个反应过程的优势，再组合获得新的重油热转化工艺，从而实现提高原料反应转化率、目标产品收率以及优化产物分布的目标。针对重质原料油轻质化以及石油焦高值化利用方面的难题，提出采用重油催化裂解与焦炭催化气化耦合的转化工艺，选取铝酸钙催化剂作为双功能碱性催化剂(兼顾裂解与气化性能)以及短接触时间的操作方式，以达到重质油分级转化和高值化利用的目标。重质油首先在流化床反应器内与碱性催化剂进行快速裂解反应，达到提高轻质烯烃和裂解油产品；与此同时，待生催化剂在流化床反应器内进行气化反应，得到合成气或工业燃气以及再生催化剂；此外，再生碱性催化剂在流化床反应器内循环，可为重油催化裂解提供所需反应热和催化作用，进而实现工艺的耦合以及重质原料油热转化效率。

# 1.1 重油热转化工艺及其催化剂研究进展

近些年，随着国民经济的快速发展，对高品质轻质液体油产品(汽、柴油)的需求不断增加，对重质液体油产品的需求逐渐减少。另外，世界常规石油储量日益减少，重质油、超重油、沥青、油砂等非常规石油产量以及在炼厂所占比重逐年增加。因此，如何将这些低 H/C 比的劣质重油资源高效转化为高 H/C 比的轻质油产品，是炼油工业急需解决的重大问题。

现有的重油加工技术大多难以满足高效清洁加工的要求，如延迟焦化工艺处理高残碳、高金属含量的劣质重油时，存在液体收率低、劣质焦炭产率高、间歇式操作、环保压力、挥发分易泄漏以及弹丸焦带来的安全隐患等问题；重油催化裂化和加氢裂化工艺催化剂失活快、消耗量过大，液体收率低以及裂化产物品质难以保证；而重油悬浮床加氢技术尽管在理论上可满足劣质重油原料清洁及高值化加工的要求，但由于存在氢耗过高、廉价氢源亟待解决，工艺与设备的匹配性等问题，目前尚无成功的大规模工业应用。重油流态化热转化技术由于具有原料适应性强、液体收率高、灵活性好、脱碳率高、可连续操作及易于大型化等优势，逐渐受到人们的重视，成为研究开发的热点。

## 1.1.1 国内外重油催化转化工艺

现已报道的用于重油催化转化工艺主要有 DCC、CPP、HCC、MGG、MGD、ARGG 和 TSRFCC 等。其中 HCC 工艺采用 700℃ 以上的裂解温度，其他重油转化工艺则采用略高于催化裂化温度，由于裂化温度增幅不大。此外，为了保证裂解气中轻质烯烃产品收率，通常采用延长裂解反应时间的操作方式。

(1) DCC 工艺

研究院针对原油原料中轻质油组分含量偏低，开发了重质原料油深度催化裂化技术多产丙烯。DCC( Deep Catalytic Cracking，深度催化裂化)工艺借鉴 FCC 工艺，开发出适合自身原料和目标产品要求的工艺及催化剂等。

工艺流程：首先，原料油经水蒸气雾化进入反应系统，在 538~582℃ 范围内，与分子筛催化剂发生接触反应，得到烯烃产品，待生催化剂通过气化反应后，再生催化剂循环使用，另外，再生高温催化剂可继续为裂化反应提供所需反应热和催化作用，从而实现整个循环工艺的热平衡。

工艺特点：①适合处理重质原料油(尤其是石蜡基重油)，且反应温度低于蒸汽裂化温度；②产品灵活度高，可选择性多产丙烯或异丁烯+异戊烯和高辛烷值石脑油产品；③烯烃产品纯度高，无需加氢处理。

工艺不足：①原料适应性不强，尤其适宜处理石蜡基重质油原料(如 VGO、VTO 及 DAO 等)；②反应停留时间长，反应所需热较高(一般为催化裂化反应热的 2~3 倍)，从而裂化催化剂的循环速率与剂/油质量比相对较高。

(2) CPP 工艺

CPP(Catalytic Pyrolysis Process，催化热解工艺)是基于 DCC 工艺而设计开发的重质油直接裂解生产轻质烯烃(乙烯和丙烯)工艺。该工艺选用提升管作为裂解反应器，催化剂具有双催化活性中心以及反应-再生循环方式，最大程度多产轻质烯烃。

工艺特点：①拓宽了乙烯产品原料来源，降低原料成本；②采用反应-再生循环方式，降低操作成本，实现反应系统内热量耦合；③催化剂具有双催化活性中心，水热稳定性好，氢转移活性低，适宜多产轻质烯烃；④灵活的操作模式，可实现多产乙烯或丙烯，或同时生产乙烯和丙烯产品；⑤催化裂解和气化反应温度相对较低，从而降低了设备改造成本。

工艺不足：①能耗与设备投资高，裂解产物分离需采用严苛的深冷分离过程，且焦炭收率和损失相对较高；②裂解油中轻油品质差；③原料油要求高，通常为石蜡基重质油原料；④工艺推广程度较低。

(3) HCC 工艺

HCC(Heavy-oil Contact Cracking，重质油接触裂化)工艺是借鉴催化裂化工艺而设计开发的重油原料(如 VGO、ATB 和 CGO 等)裂解多产乙烯产品工艺技术。该工艺技术采用专用 LCM-5 催化剂，较高的反-再温度、短接触时间、大剂/油比等条件，所得裂解气中乙烯收率达到 19%～27%，总烯烃收率为 34%～45%，裂解油产物中芳烃含量达到 90%～95%，可用于提取轻质芳烃(苯、甲苯、二甲苯等)及萘系化合物等基础化工原料；相比于"延迟焦化-加氢精制和加氢裂化-管式炉裂解"等组合工艺，HCC 可实现降低操作费用和设备投资。

工艺不足：①生产相同质量乙烯产品，HCC 工艺的单位能耗相对较高；②积炭催化剂气化反应产热以及裂解催化剂急冷产热利用不足。

(4) MGG 工艺

MGG(Maximum Gas Plus Gasoline，最大化多产气和汽油)工艺是以 VGO 和渣油等为原料，最大程度多产液化石油气和高品质汽油的工艺技术。

工艺优点：①油、气产品兼顾，不仅可获得富含 $C_3^=$ 和 $C_4^=$ 组分的液化石油气(收率达到 35%)，还可联产高辛烷值汽油(RON 值 92～95)；②RMG 催化剂反应活性高、选择性好，抗毒性强；③操作模式灵活；④原料适用广，可加工原油、常压渣油和加工掺渣油等重质油原料；⑤高值产品收率高以及一定的产品灵活性。可根据产品需要，在一定的范围内调控油气产品收率。

(5) MGD 工艺

MGD(Maximum Gas & Diesel，最大化汽柴油)工艺是基于催化裂化要富产液化石油气和柴油产品，提高汽油辛烷值而设计开发的。MGD 工艺技术选用汽油回炼技术与分段进料工艺相结合，工艺技术简单、改造费用低、操作灵活性，但该工艺是以降低汽油收率多产液化石油气和柴油，在某些特定地区不一定适用，此外，MGD 工艺中的汽油回炼过程，需采用高苛刻度的反应条件(如高剂/油比、高反应活性以及温度)。

应用表明：裂化产物中液化石油气收率增加 1.3%～5.0%，柴油收率增加 3.0%～5.0%，汽油中烯烃含量降低 9.0%～11.0%，与此同时，RON 值和 MON 值分别提高 0.2%～0.7% 和 0.4%～0.9%。

(6) ARGG 工艺

ARGG(Atmospheric Residue Maximum Gas Plus Gasoline，常渣最大化多产

气和汽油)是基于 MGG 工艺而设计开发的以常压渣油为裂解原料，最大程度富产液化石油气和高品质汽油的工艺技术。该工艺所得裂解气中液化石油气收率达到 21%～30%，裂解油产品中汽油收率在 45%～48%，是一条将重质油原料转化为高辛烷值汽油和液化石油气的有效途径。

工艺特点：①可加工多种重质油原料，实现油、气产品兼顾且品质高；②采用裂化催化剂具有裂化活性高、选择性和抗毒性好的特点；③操作条件以及产品灵活性高。

（7）TSRFCC 工艺

TSRFCC［Two-Step（stage）Rising-tube FCC，两段提升管催化裂化］工艺是针对提升反应器后半段催化剂活性和选择性急剧下降的弊端而设计开发的，该工艺可实现重油两段催化裂解多产丙烯兼顾汽油和柴油。以 LTB-2 裂解大庆常压渣油为例，经两段提升管裂解反应后，裂解气中丙烯收率达到 22.0%，干气收率仅为 5.37%，总液体收率超过 82.0%，且汽油中烯烃含量低、芳烃含量高，柴油品质好（十六烷值约为 30）。但该工艺存在投资费用高、流程复杂以及操作难度大等不足。

（8）INDMAX 工艺

INDMAX 工艺是由印度石油公司开发的以重质残余油为裂解原料多产轻质烯烃产品（尤其是丙烯）的工艺技术。该工艺技术所采用的裂解催化剂为多活性组分催化剂，促使重油转化率和轻质产品收率高，在炼厂应用结果显示，丙烯产品收率可达 24%。

工艺特点：①裂解原料适应性广，可实现油气产品兼顾；②操作模式灵活，可实现有选择的多产丙烯或兼产乙烯+丙烯或丙烯+汽油产品；③裂解催化剂构成可根据裂解原料性质以及目标产品组成进行优化。

（9）Petro-FCC 工艺

Petro-FCC（Petro Fluidized Catalytic Cracking，Petro 流化催化裂化）工艺是以减压渣油或 VGO 为裂解原料，尽可能多产富含丙烯的轻质烯烃的工艺技术。该工艺采用双提升管反应器，其中原料裂解主反应区采用高反应温度及高剂/油比等操作条件，多产轻质烯烃产品，也可通过添加一定的择形催化剂，减少氢气和轻饱和烃的生成，提高轻质烯烃收率；次反应区主要采用低压操作，旨在提高裂解产品烯烃度。

以 VCO 作为 Petro-FCC 工艺的裂解原料，所得裂解气中丙烯和 $C_4$ 烃类收率分别达到 20%~25% 和 15%~20%，乙烯收率较低，仅为 6%~9%，明显高于常规 FCC 工艺；裂解油产品中含有高含量的芳烃，是提取苯和对二甲苯的优质原料。

（10）MSCC 工艺

MSCC（Milli-Second Catalytic Cracking，毫秒催化裂化）工艺由 CEPOC 和 UOP 公司共同开发。MSCC 工艺是可实现裂化油气短停留时间操作，进而有效地防止热裂化反应的发生。

工艺特点：①原料适应性广，汽油收率高且品质好；②渣油掺炼度高，催化剂稳定性好；③催化剂抗结焦失活能力强；④氢气收率及 $H_2/CH_4$ 比低。

此外，据 UOP 公司报道，MSCC 工艺在处理渣油时，催化剂的损耗可相应减少 50% 左右。

（11）SCT 工艺

SCT（Short Contact Time，短接触时间）是以重质油为原料，采用短接触时间方式最大程度多产轻质烯烃以及轻质油（汽、柴油）产品的工艺技术。该工艺缩短反应时间，重油转化率和焦炭收率略有降低，而轻质烯烃和轻质油收率显著提高。另外，在提高重油转化率的情况下，裂解产品中焦炭和干气收率略有降低，轻质油产品收率显著提高。

工艺特点：①采用新型雾化喷嘴，减少物料返混；②操作稳定性好，投资及操作费用低；③采用分段汽提装置，显著降低焦炭收率；④操作性好和产品品质高。

（12）HS-FCC 工艺

HS-FCC（High-Severity Fluid Catalytic Cracking，高苛刻流化催化裂化）是以重质油为裂解原料多产高附加值丙烯+汽油产品的工艺技术，该工艺技术选用下行床作为裂解反应器，短接触时间（约 0.5s），较高的裂解温度

（600℃）和剂/油质量比。以加氢 VGO 为裂解原料，对 HS-FCC 工艺和常规 FCC 工艺裂解性能进行对比，HS-FCC 工艺具有较优的裂解性能（产品收率和裂解油品质），裂解气中丙烯收率达到 15.9%，丁烯收率达到 17.4%，裂解油中汽油收率为 37.8%，且稳定性好。

（13）重油组合转化工艺

在石油加工领域，单一加工工艺过程往往不能满足产品需求，因此，在实际的石油加工过程中，通常会通过脱碳和加氢工艺的相互组合来达到石油加工利润最大化。用于加工重质油原料的工艺主要可分脱碳和加氢两种方式，其中重质油脱碳转化工艺中氢元素守恒，也就是说石油烃类分子脱碳过程中可实现氢元素的重新分配过程。而杂原子、重金属等会发生向渣油和焦炭中部分富集，因此，仅通过单一的脱碳工艺加工重质油原料，由于其杂原子含量相对较高，不能得到高品质的裂解油产品。加氢工艺可加工各种劣质原料油，提高原料 H/C 比，加工过程无残渣，且产品质量高。其中裂解产品中的杂原子在加氢转化过程中被分别转化成 $NH_3$ 与 $H_2S$，因而油品品质较好。但由于投资和氢耗成本过高，加氢工艺占重质油加工比例较低。

如何在脱碳与加氢组合工艺中高效利用氢气资源，是重质原料油炼制需面临一个重要问题。为了有效避免氢气被原料中胶质和沥青质组分所过多消耗，对重质原料加工通常采用先脱碳后加氢的组合工艺流程。中国洛阳石化研究院采用流化脱碳渣油预处理工艺裂解重质油原料发现，先对重质油进行轻度裂化脱碳，再进行加氢处理，可实现氢气资源的高效利用。加州合成燃料研究公司发现重质油原料采用先脱碳后加氢方式，可以实现氢气资源的高效利用。并且先脱碳后加氢组合工艺可只对裂解油产品进行加氢，避免了原料油中重质组分对氢气的消耗，降低氢耗成本。此外，小分子轻质烃类气体的 H/C 比最高，生成这类气体氢耗也最大。因此，组合工艺要严格控制加氢反应深度，避免大量生成这类气体。先加氢后脱碳组合工艺可实现多产高品质裂解油产品。重质油原料先加氢可实现提高原料 H/C 比、重质油转化率和轻质油收率。与此同时，可对过程中产生的 $NH_3$ 与 $H_2S$ 进行回收，减少有害污染物的排放。另外，原料油中的脱除杂原子与重金属，以及胶质与沥青质加氢都要消耗氢气，因此，先加氢后脱碳工艺成本要明显高于先脱碳后加氢组合工艺。

重质油组合加工工艺的选择需根据原料油的具体性质、技术可行性、目标产品市场需求以及环评等技术指标综合考虑。例如，当前部分炼厂主要针对低硫重油加工而设计，二次加工大多为重质油催化裂化过程，而加工的原料油需具有低残炭、高 H/C 比、低金属含量。当处理高含硫原油时，先要对预处理的常减压馏分油进行加氢处理，除掉其中的重金属以及杂原子(N、S)等杂质，然后再用于催化裂化过程。加氢处理过程要严格控制重油催化裂化过程中焦炭产量，尽量保持催化剂活性稳定，这样有助于提高重油转化率。另外，加氢过程可降低硫含量，提高催化剂使用寿命和裂解产品质量。到目前为止，研究将延迟焦化、加氢处理与加氢裂化、溶剂脱沥青以及减黏裂化等工艺自由组合形成新的加工工艺，获得较好的热转化效果。

以延迟焦化技术为先导与催化裂化技术组合工艺，主要包括延迟焦化-催化裂化或延迟焦化-加氢精制-催化裂化等。延迟焦化为重质油深度转化过程，原料适应性强、投资低且操作简单，并且可通过调控塔内操作压力得到不同收率的中间馏分油和焦炭。延迟焦化-催化裂化工艺可通过调控焦化和催化的处理量来改变裂解产品灵活性和汽/柴比，得到的针状焦是制作电极的优良材料，提高了组合加工工艺的经济效益。延迟焦化-加氢精制-催化裂化工艺可优化产物分布和降低催化裂化汽油中硫含量，在获得较高转化率的同时减少生焦量，降低成本。以溶剂脱沥青工艺为先导和催化裂化或气化组合工艺约有 50 多套工业装置，这是由于溶剂脱沥青工艺为物理萃取过程，设备投资低，且选择不同萃取剂可获得不同种类的脱油沥青，同时提高催化裂化催化剂使用寿命。到目前为止，以溶剂脱沥青为先导的组合工艺主要包括：溶剂脱沥青-延迟焦化-催化裂化、溶剂脱沥青-加氢处理-催化裂化、溶剂脱沥青-延迟焦化-石油焦气化、溶剂脱沥青-脱油沥青气化-催化裂化等。

以加氢技术为先导与脱碳技术组合的重质油加工工艺，包括沸腾床加氢-溶剂脱沥青、沸腾床加氢-延迟焦化、浆态床加氢-固定床加氢处理等。

先沸腾床加氢后溶剂脱沥青可有效降低脱油沥青的收率，同时降低其软化温度，而脱沥青油又是较好重质油裂解气化原料。而对重质油先加氢后延迟焦化可有效降低重质原料油焦化过程生焦量。浆态床加氢技术可处理劣质油原料，提高裂解油收率和降低生焦量；使用浆态床加氢-固定床加氢组合加工工艺，在获得高液体收率的前提下，还可有效避免产生固体碳和降低过程残渣。

其他联合工艺流程涉及不同加氢工艺与脱碳工艺中的一种或几种进行组合。整个过程的主要目标是对重质油中的沥青质组分进行脱除或者转化，从而有效防止沥青质进入加氢处理过程或者裂化过程导致催化剂失活，降低重质油转化效果。

## 1.1.2 重油流态化热转化工艺

重油流态化热转化工艺与 FCC 工艺过程相似，主要通过热载体循环来实现反应与烧焦的耦合。现有流态化热转化工艺主要可分为流化焦化工艺、ART 工艺、HCC 工艺、ROP 工艺、重油热裂解制球形焦工艺等。其中，流化焦化工艺主要采用热焦粉作为流化载体，而 HCC 工艺、ROP 工艺、ART 工艺主要采用多孔结构的非催化剂颗粒作为流化载体。

（1）流化焦化工艺

流化焦化工艺主要由流化床反应器、燃烧器和洗涤塔组成，其中洗涤塔主要是为了冷却热解油气。重质原料油通过雾化喷嘴喷射到流化床反应器内高温的流化焦炭颗粒上，反应温度控制在 480～550℃之间，热解焦沉积和附着在焦炭颗粒上。床层焦炭颗粒粒度主要通过反应器底部的喷射研磨器来调控，而焦炭颗粒的流化状态由底部的汽提蒸汽来维持；热解油气通过洗涤塔快速冷却和净化后进入分馏系统。焦炭在反应器与燃烧器之间循环使用，维持整个工艺的热量与物料平衡。过剩的焦炭通过淘析器从燃烧器中冷却后排出；烟气到 CO 锅炉或燃气轮机进行能量回收与利用。具体的流化焦化工艺流程如图 1-1 所示。与延迟焦化工艺产品收率情况对比如表 1-1 所示。

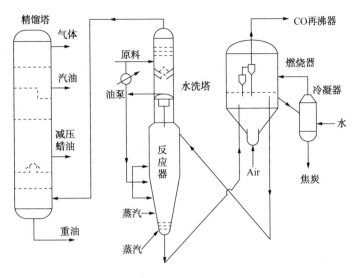

图 1-1　流化焦化工艺流程示意图

表 1-1　流化焦化与延迟焦化产品收率对比

| 原料 | 混合渣油 | | 减压渣油 | |
|---|---|---|---|---|
| 密度/(g/cm³) | 0.966 | | 1.032 | |
| 残炭/% | 9.0 | | 22.5 | |
| 硫含量/% | 1.2 | | 1.7 | |
| 产品分布 | 延迟焦化 | 流化焦化 | 延迟焦化 | 流化焦化 |
| <$C_3$ 气体/% | 6.0 | 5.5 | 9.2 | 8.0 |
| $C_4$ 气体/% | 1.5 | 0.9 | 2.0 | 1.3 |
| $C_5$ 221℃ 石脑油/% | 17.1 | 10.2 | 20.2 | 14.1 |
| 瓦斯油/% | 53.0 | 72.0 | 26.9 | 51.0 |
| 焦炭/% | 22.0 | 11.0 | 40.2 | 26.0 |
| 液体收率/% | 70.1 | 82.2 | 47.1 | 65.1 |

　　流化焦化技术具有技术相对成熟，操作连续稳定好、调控方便，设备可靠性高的特点，已有成熟的工业应用范例；另外，还具有原料适应性强的特点，可用于处理常压或减压渣油、油砂沥青、页岩油、煤焦油以及脱油沥青油等劣质重油原料，抗污性及稳定性强；相比于延迟焦化工艺，流化焦化工艺的液体收率提高了 12～18 个百分点，焦炭收率降低了 50% 左右；连续性

生产方面，最长运转时间可达 36 个月以上；避免了延迟焦化工艺中加热炉易结焦、稳定性差以及生成弹丸焦等潜在安全问题；单套装置处理能力高达 $300 \times 10^4 t/a$，而且通过改扩建可提高处理能力 $10\% \sim 100\%$；有效降低了延迟焦化工艺间歇式除焦产生的环境污染以及操作费用较高等问题。

重油流化焦化工艺虽然已经工业化、日益成为竞争力极强的劣质重油加工技术，但还存在如下问题，成为其推广应用的瓶颈。

① 流化焦化工艺产生的焦粉具有挥发分含量较低以及密度较高的特点，且缺乏高效利用的途径；

② 循环焦粉末分级分离造成焦化蜡油中携带的微细焦粉较多，对后续加工工艺的催化剂将产生不利影响；

③ 反应器控制焦炭粒度分布的喷射研磨器和燃烧器控制外排的淘析器等关键设备和配件，由于技术保密原因，缺乏设计参数和经验，制约了该工艺的推广与应用；

④ 用于反应器焦炭颗粒的流化和汽提的蒸汽需求量大，不仅增加了设备能耗，而且产生了大量难处理的含油废水；

⑤ 流化焦化在装置操作优化、进料系统强化、装置监测控制系统以及低消耗机械系统可靠性改进等方面还需要进一步开发和优化。

（2）重油热裂解制球形焦工艺

为了解决流化焦化工艺产生粉状焦炭出路难题、提高粉焦的附加值，田原宇等研究开发了以喷动床反应器为核心，并配以提升管烧焦器(具有分级、分离、再生功能)的重质油热裂解制球形焦工艺。

具体流程：被加热至 $150 \sim 340℃$ 的重油通过雾化喷嘴从进料口喷入床层底部，进入喷动床的雾化重油与 $550 \sim 950℃$ 的高温球形焦接触，发生瞬时加热、汽化以及裂解等反应；产生的油气产品经过气固分离过程，然后去分馏塔分离系统。产生的高温球形焦经汽提在提升管烧焦器内进行空气烧焦；分离烟气去 CO 锅炉或燃气轮机进行能量回收后外排，较大颗粒球形焦外排，较小颗粒的高温球形焦返回反应器，作为重油裂解反应的热源循环使用。

重油热裂解制球形焦工艺的产品分布、收率以及品质与流化焦化工艺相似。重油热裂解制球形焦工艺将流化焦化工艺中难处理的低值粉状焦炭转化为环保用量大、易于加工成球形活性炭的球形焦，消除了流化焦化工艺的瓶颈；此外，该工艺具有原料(如常压或减压渣油、页岩油、脱油沥青油、油砂沥青以及煤焦油等)适应性强，液体油收率及产品附加值高，焦化蜡油中微细焦粉含量小，避免了焦化和活性炭生产过程的环境污染等优点。但该工艺存在单套设备生产能力小、喷动床与提升管烧焦器的匹配性和高温返料器以及监测控制系统还需要改进。目前处于实验室研究和热态小试阶段，值得进一步深入研究、论证后加以应用。

（3）ART 工艺

ART 工艺是由 Engelhard 与 Kellogg 公司联合开发的一种重油预处理技术，又被称作选择性汽化过程，其主要是为催化转化过程提供优质原料油(低炭值、低金属含量)。ART 工艺流程与 FCC 工艺的相似，只是把 FCC工艺中的裂化催化剂换为低活性的多孔微球形接触剂，可认为是一种惰性物质，但其结构与筛分组成与裂化催化剂相近。其工艺流程如图 1-2 所示。

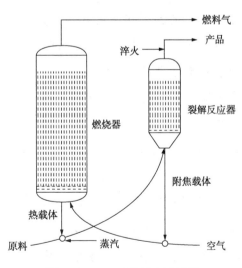

图 1-2 ART 工艺反应流程图

具体反应流程：经过预热的原料油注入提升管中与高温接触剂接触（接触温度约 500℃），渣油中的<560℃组分主要发生汽化，沥青质等重组分被

接触剂吸附并发生热裂化反应。反应产生焦炭沉积在接触剂上，而裂化产物则随已汽化的部分原料一起离开反应器进分馏系统。结有焦炭的接触剂循环至再生器空气烧焦后，经缓冲器换热后再返回反应器。获得的反应产物以重质馏分油为主，同时也有部分轻质油产品及裂化气。ART 工艺产品收率与延迟焦化工艺产品收率分布情况对比示于表 1-2。

表 1-2　ART 工艺与延迟焦化工艺产品收率分布对比　　　　　　%

| 工艺过程 | 常减压+延迟焦化 | 常减压+ART 工艺 |
| --- | --- | --- |
| $C_3$ 190℃ | 27.2 | 27.6 |
| 190~343℃ | 23.0 | 26.6 |
| 343~565℃ | 33.9 | 38.0 |
| >565℃ | 0.0 | 0.0 |
| $C_5^+$ 总液体收率 | 84.1 | 92.2 |
| $C_3^+$ 总液体收率 | 90.3 | 95.0 |
| 燃料气(燃料油当量) | 3.2 | 1.0 |
| 焦炭 | 14.9 | 9.0 |

ART 工艺的沥青质和重金属脱除率达到 95%以上，脱硫率达到 30%~50%，脱氮率达到 50%~80%，可消除全部或大部分的>565℃渣油馏分，得到蜡油产品适用于催化裂化、加氢处理和加氢裂化等下游二次加工过程。ART 的焦炭产量相当于原料残炭含量的 80%，比带循环的延迟焦化工艺几乎减少一半，焦炭的再生热量的其中一小部分用于热接触裂化反应，其余绝大部分热量主要以蒸汽或电能形式进行回收利用。重金属绝大部分转移到接触剂上，其吸收容量可达 2%。与流化焦化工艺相比，ART 工艺具有投资费用低、操作简单等优点，是处理高残炭、高金属含量渣油原料的一种有竞争力的工艺技术。目前已完成工业试验，但与延迟焦化相比，ART 工艺存在蜡油品质差，再生取热设计较为困难，设备提升管出口、沉降器以及油气管线等易结焦，富载重金属的废催化剂回收利用，燃烧器结构需要优化，热解反应器与烧焦器的匹配性和高温返料器以及监测控制系统还需改进等劣势。加之渣油加氢工艺、重油催化裂化工艺和延迟焦化工艺的发展和进步，使

ART 工艺发展受到限制，但作为一种劣质重油预处理工艺，其具有液体收率和除杂率高的优势，值得深入研究以及进一步推广应用。

ROP 工艺和 HCC 工艺是渣油预处理工艺。其中 ROP 工艺由于采用了热载体，因而焦炭主要沉积在热载体上，经过气化反应过程为整个工艺提供反应热。但气化反应过程产生的热量远高于工艺所需热量，因而多余热量主要被用于生产蒸汽。与此同时，该工艺的投资与操作复杂程度与催化裂化工艺大体相当，由于 ROP 工艺在工业化过程中存在的提升管、沉降器顶部、反应油气管线以及分馏塔底等结焦难题以及再生外取热量大利用难的实际情况，到目前为止尚未实现广泛工业化应用。针对 ROP 工艺的不足之处，田原宇等提出了劣质重油双管快速热解-气化耦合工艺，该耦合工艺可实现重油分级高值化利用及无渣化加工。HCC 工艺采用较高的裂解反应-再生温度、短接触时间、大剂/油比(18~20)等操作条件，所得裂解气中乙烯产品收率达到 19%~27%，总烯烃收率为 34%~45%，液体油产物中芳烃含量达到 90%~95%，可用于提取轻质芳烃及萘系化合物等基础化工原料；相比于"延迟焦化与加氢精制"及"加氢裂化与管式炉裂解"等组合工艺，HCC 工艺可降低操作费用和设备投资。但 HCC 工艺同时也存在气化产热及催化剂急冷产热利用不足，单位能耗相对较高等问题。20 世纪 90 年代初由 BAK-CO 公司开发了差别性破坏蒸馏工艺(简称 SD 工艺)，该工艺采用流化床细颗粒与不适合作为 FCC 原料油(原油以至常压渣油等重质油品)在高度分散下接触，在毫秒级的反应时间内将有害杂质吸附在细颗位上。整个工艺过程中重金属脱除率高于 90%，沥青质、硫以及氮的脱除率分别达到 90%以上、40%~70%和 30%~50%(均指>358℃的重油)，从而所得改质原油或重质油品经下游加氢精制后可作为 FCC 过程的原料油。

### 1.1.3　重油流态化热解-气化耦合工艺

由于劣质重油残炭含量高，流化床热接触裂化过程产生的焦炭远远超过整个反应系统热平衡需求，大量焦粉需要高效利用，重质油流态化热解-气化耦合工艺是把重质油流态化热解与负焦热载体气化相耦合的一种重质原料油加工工艺。该耦合工艺具有液体收率高、原料适应性广、可连续操作以及易于大型化等优势。此外副产富氢合成气，为热解液体油产品的二次加工提供了较为廉价的氢气资源。

流态化热解-气化耦合工艺还可实现将99%劣质原料油转化为裂解气和液体油产品；同时排除焦粉中绝大部分的重金属和杂原子，并且焦粉经过处理可回收其中的重金属元素，是处理劣质原料油一种较为经济的方式。到目前为止，已有的重油流态化热解-气化耦合工艺主要包括灵活焦化、双路气化灵活焦化、渣油流化热裂化(FTC)以及双管重质油流态化热解气化耦合工艺等。上述工艺力图用较为经济的办法来解决劣质原料油轻质化的难题，但因原料油中的高重金属、高沥青质、杂原子含量较高等带来的一系列问题，值得进一步深入探究和论证后再加以应用。

（1）灵活焦化工艺

Exxon公司的灵活焦化工艺主要采用了流化床反应器、流化床加热器以及流化床气化器。在流化床反应器内，原料油用多个雾化喷嘴喷入反应器中，与高温焦粉接触发生裂解反应，产生的高温油气经洗涤后分离后进入分馏系统。在流化气化器中，高温焦粉与水蒸气和空气在927~982℃条件下发生气化反应，生产合成气(组成：$H_2$、$CO$、$CO_2$和$N_2$)，解决过程大量富余焦粉需要高效利用的难题。采用该工艺过程可有效降低焦炭产品收率，获得大量富氢低热值气体。此外，气化反应温度可通过水蒸气与空气的混合比率来调节。合成气中携带的焦炭细粉被气固分离器分离后传送至流化加热器中，这部分细焦粉用于工艺的热量传递与加热器的床层流化等。进入流化气化器内的焦炭量可通过气化剂(空气)流速来调节。灵活焦化工艺流程如图1-3所示。

灵活焦化工艺是将传统流化焦化工艺与焦炭气化技术相结合的一种重质原料油加工工艺，采用的原料油残炭值要求大于10%，该工艺可将约99%的重油原料转化为气体和液体产品，得到约1%的焦炭产品含有绝大部分的重金属和杂原子，且焦炭经过处理可实现回收其中的重金属元素。因此，灵活焦化工艺加工费用也不受原料油品质的影响，成功解决了流化焦化工艺产生大量高硫焦的出路问题。但灵活焦化工艺采用三个流化床反应器串联，产生焦炭需在三个反应器间循环，因而存在热量、物料以及压力三大平衡相互制约，且存在操作条件复杂，设备投资费用高，气化气热值低等问题，从而应用受到限制。截至 2015 年，世界上灵活焦化装置仅有 7 套在建或在运行，并未获得大规模的推广与应用，且目前国内仅有 1 套该装置。

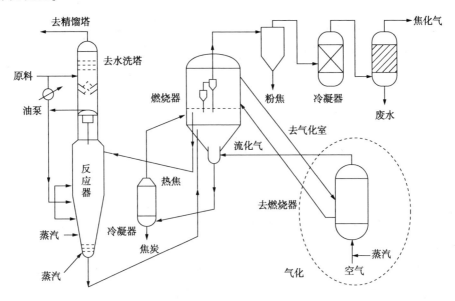

图 1-3　灵活焦化工艺流程示意图

（2）双路气化灵活焦化工艺

传统灵活焦化工艺会产生大量富氢低热值气体且产品气中 $N_2$ 含量太高，对制氢或产品气的回收利用均不经济，甚至部分炼油企业还不能充分利用这部分低热值气体。因此，基于传统灵活焦化工艺，研究人员又开发出了多产氢气或合成气的双路气化灵活焦化工艺，该工艺尤其适用于那些氢气资源短缺的炼油企业。双路气化灵活焦化工艺流程示意图如图 1-4 所示。

从工艺流程上看，双路气化灵活焦化工艺是将传统的灵活焦化工艺的气化器部分一分为二，即空气气化器和蒸汽气化器。其中一部分焦炭在空气气化器内进行燃烧，为焦化反应器及蒸汽气化器提供所需反应热，然后另一部分焦炭在蒸汽气化器内转化为富氢合成气。通过气化器的改变，不仅提高合

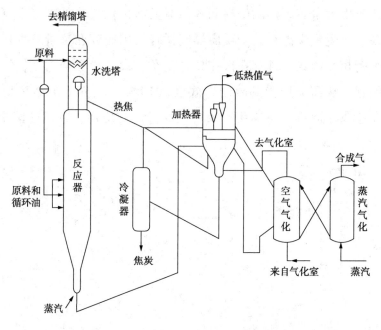

图 1-4 双路气化灵活焦化工艺流程图

成气中 $H_2$ 和 CO 产品含量，而且降低了低热值气体产率，有利于制氢和利用。

采用阿拉伯重质原油的 >565℃ 减压渣油，在处理量为 $7.16×10^3$ $m^3/d$ 的规模下，对双路气化灵活焦化工艺与传统灵活焦化工艺进行比较。结果表明：双路气化灵活焦化工艺，可生成标况下合成气 $3.08×10^6$ $m^3/d$。如果将获得的合成气全部用于制备氢气，所得的氢气收率约为改质焦化液体油所需氢气量的 2 倍左右。具体合成气组成如表 1-3 所示。由表可知，双路气化灵活焦化工艺得到合成气中 $H_2$ 收率达到 52.9%，CO 产品收率达到 26.0%，而灵活焦化工艺得到合成气中 $H_2$ 和 CO 收率分别为 17.0% 和 19.4%，明显低于双路气化灵活焦化工艺。对于工艺焦化气和合成气热值来说，灵活焦化工艺的焦化气热值为 4.77MJ/$m^3$，而双路气化灵活焦化工艺的焦气化热值为 3.24MJ/$m^3$，合成气热值达到 9.25MJ/$m^3$，由上述分析可知，双路气化灵活焦化工艺降低了低热值焦化气热值（约 50%），但提高了富氢高热值气体热值。

表 1-3　灵活焦化与双路气化灵活焦化所得气体组成

| 组成 | 灵活焦化 | 双路气化灵活焦化 | |
|---|---|---|---|
| | 焦化气/% | 焦化气/% | 合成气/% |
| CO | 19.4 | 1.7 | 26.0 |
| $CO_2$ | 7.5 | 11.8 | 11.1 |
| $H_2$ | 17.0 | 9.7 | 52.9 |
| $H_2O$ | 12.7 | 10.1 | 8.5 |
| $N_2$ | 41.3 | 54.3 | — |
| 其他 | 2.1 | 2.4 | 1.5 |
| 净热值/($MJ/m^3$) | 4.77 | 3.24 | 9.25 |

通过对上述重油热转化工艺研究发现，流态化热转化技术作为一种重质油的预处理工艺，实现了重质原料油合理、高值化转化与清洁加工的要求，提高重油加工深度，增加轻质油产品收率，生产符合国际标准的清洁燃料。不同的重油流态化热转化工艺各有优缺点，应根据目标产物不同合理选择工艺的类型，才能实现劣质重油高效清洁利用和转化，最大化利用重油资源获取较大的附加值。而劣质重油原料具有低 H/C 比、高黏度、高残炭、密度大、重金属及杂原子含量高、易缩合生焦等特性，使其不能像常规重油一样直接作为裂化或裂解工艺的加工原料，在处理上述劣质重油原料时，流态化热转化技术只能作为一种预处理工艺，为催化裂化、加氢裂解以及煤柴油饱和裂解等二次加工过程提供合格原料。因此，开发新的重油流态化加工工艺，实现重油无渣化加工，必将成为研究开发的热点。

## 1.1.4　催化剂的研究进展

催化剂是影响重质油能否高值转化的重要因素，也是催化转化工艺的重要组成部分，因此，催化剂需具有适宜裂解活性、高选择性和机械强度、水热稳定性好等。到目前为止，研究最多的重质油催化转化催化剂类型有金属氧化物型催化剂和分子筛催化剂。

（1）金属氧化物型催化剂

金属氧化物型催化剂是一类通过接受质子或给出电子对形成催化活性位，再对反应物起催化作用的物质。这类催化剂主要有碱（土）金属与金属氧化物或盐等构成，具有较好的晶体结构、裂解反应活性及稳定性、酸性弱、水热稳定性等优势，广泛应用于石油原料的催化加工领域。

Basu 等以铝酸钙为催化剂，以石脑油为裂解原料，研究发现在轻质烯烃收率相同情况下，铝酸钙催化剂可降低裂解反应温度 50℃，反应活化能由 217.5kJ/mol 降低到 124.3kJ/mol。

Mukhopadhyay 等研究钾改性铝酸钙催化剂对石油脑催化裂解的影响，结果表明：钾改性催化剂可通过加快碳-水蒸气气化反应来降低催化剂表面积炭，且随着钾添加量逐渐增加，铝酸钙催化剂抑制结焦性能逐渐提高，但裂解气中的 $CO_2$ 收率明显增加，烃类收率显著降低。

Nowak 等以 $CaO/Al_2O_3$ 为催化剂，常压渣油、减压渣油为裂解原料，在相同的烯烃和芳烃收率情况下，与传统热裂解过程相比，该催化剂具有低成本和操作费用的优势。

Kolombos 等以 $MnO_2$ 作为活性组分，氧化钛或氧化锆为载体，科威特蜡油或常压渣油为原料，在小型反应装置上进行催化裂解反应研究，研究采用裂解应温度为 800~900℃，水/油质量比在 20 以上，得到裂解气中乙烯组分收率达到 17%~23%，且反应 2h 后基本无积炭生成。

Adelson 等采用裂解温度 750~790℃ 以及短时间接触方式，对 $KVO_3$/浮石催化裂解重油性能进行研究，研究发现裂解气中乙烯收率较高，分别为 36%~38%、36%~40%、30%~32%、24%~26%。另外，相对于未改性浮石催化剂而言，$KVO_3$/浮石上焦炭收率明显降低，总烯烃收率明显提高，由此表明，$KVO_3$ 可通过加快浮石催化剂上积炭气化转化，从而降低催化剂上焦炭收率。

刘鸿洲等研究发现，在相对温和的裂解反应条件下，过渡金属改性催化剂可实现提高裂解气中轻质烯烃（乙烯和丙烯）收率，且乙烯产品收率增加量明显大于丙烯的。这可能是由于在催化裂解过程中，过渡金属可促使烃类分子裂解生成自由基，另外，过渡金属改性降低了催化剂氢转移活性与加氢性能，进而有利于提高轻质烯烃收率。

Lemonidou 和 Kikuchi 等研究认为，铝酸钙催化剂具有较低的比表面积和孔道结构，应用于催化裂解过程中，可实现多产乙烯产品以及降低焦炭产品收率，但裂解气中 $CO_2$ 产品收率相对较高。此外，铝酸钙催化剂在 CaO 与 $Al_2O_3$ 配比为 12∶7 时具有最佳催化裂解反应性能。

（2）分子筛催化剂

分子筛催化剂由于具有独特的孔道结构和酸特性，并且适当调整其酸性能显著改善其催化活性、抗结焦性以及稳定性，被广泛应用于催化裂化反应。另外，催化领域应用较多的催化剂还有 SAPO-11 分子筛、磷酸铝分子筛、SBA 分子筛及 MCM 分子筛等。

Aitani 等研究表明，添加一定量的 ZSM-5 助剂有利于多产丙烯，且添加 5% ZSM-5 作助剂时，轻质烯烃收率增加量与裂化温度从 500℃ 提高到 650℃ 时的增加量相当，但干气和轻质油产品收率变化不大。此外，在高温和大剂/油比时，ZSM-5 催化剂可提高烯烃收率（尤其是丙烯产品收率），降低干气和焦炭产品收率。

申宝剑和陈洪林等研究水热脱铝 ZSM-5/Y 复合分子筛催化剂与机械混合水热脱铝 ZSM-5/Y 分子筛催化剂裂化大庆减压蜡油时发现，水热脱铝 ZSM-5/Y 复合分子筛催化剂的重质油转化率和汽油收率略有降低，而柴油收率和柴/汽比略有增加，但轻质油产品（汽油和柴油）总收率相当。

Awayssa 等通过 Mn 或碱改性不同硅铝比 HZSM-5 催化剂裂化减压蜡油（VGO）发现，相对于未改性 HZSM-5 催化剂，改性 HZSM-5 催化剂裂化 VGO 所得裂解气中轻质烯烃收率显著增加，这可能是由于 Mn 改性 HZSM-5 催化剂可实现降低催化剂酸特性和强酸位数量，造成部分催化剂微孔缩紧，而碱改性 HZSM-5 催化剂主要是由于形成梯级微-介复合孔道结构，进而实现多产轻质烯烃产品。

Liu 等不同裂解条件与不同 HZSM-5 催化剂裂解石脑油对轻质烯烃转化过程的影响，结果表明：在临氢条件下，对轻质烯烃产率和选择性影响不大，这表明烷烃脱氢生成轻质烯烃反应活性明显强于烯烃加氢反应，且轻质烯烃会发生低聚反应再发生裂解反应，因此，要获得高收率轻质烯烃，需抑制轻质烯烃低聚反应。

张倩等选取不同硅铝比 HZSM-5 催化剂对大庆蜡油裂化性能的影响，结果表明：低硅铝比 HZSM-5 催化剂具有较高的裂化性能和轻质烯烃收率，另外还发现，经过酸处理的 HZSM-5 催化剂或载体也有利于提高裂化气中轻质烯烃收率。

胡尧良等以 HZSM-5 为催化剂，裂化温度为 450~550℃ 和常压下催化裂解/重整重质油，研究发现 66%~78% 的重质原料油转化为裂解气和汽油产品，且汽油中芳烃含量达到 72%~84%，为高辛烷值汽油调和组分和芳烃产物的重要原料。

李成霞等采用不同过渡金属（La、Ag 及 Mn）改性 ZSM-5 催化剂对 VGO 裂化性能的影响，结果表明：银+镧改性 ZSM-5 催化剂可多产轻质烯烃（乙烯和丙烯）产品，收率达到 34.4%；如果将 $C_4$ 回炼纳入考虑范围，轻质烯烃收率可提高至 42.9%。

袁起民等考察高氮焦化蜡油催化裂化过程中镧改性催化剂的抗 N 性能，结果表明：镧改性催化剂可显著改善催化剂的酸性和抗 N 性能，且镧的引入方式或位置不同，抗 N 性能也不同，另外催化剂的总酸量明显影响催化剂的抗 N 性能。

Hussain 等考察不同助剂改性商业 USY 催化剂对 VGO 裂化多产丙烯性能的影响，结果表明：增加不同孔道结构分子筛催化剂作为助剂，可显著提高 USY 催化剂的裂化活性，其中，镁碱沸石或 MCM-36 作为助剂改性 USY 催化剂具有最大丙烯产品产率（达到 11.0%），高硅铝比 SSZ-74 作为助剂改性 USY 催化剂可获得最高轻质烯烃产品收率（达到 21.3%）。

## 1.2  重油裂解反应机理

重质油转化工艺中研究最多的催化剂类型有金属氧化物型催化剂和分子

筛催化剂，这两类催化剂主要遵循自由基反应机理和碳正离子反应机理对重质油进行转化，下面分别对这两种热裂解反应机理进行综述。

### 1.2.1　热裂解反应机理

热裂解反应过程是指在无催化剂参与，仅通过加热方式来提高反应温度促使重质油转化成汽、柴油产品的过程，其处理量约占到重油总加工量的60%，是重质油加工的主要途径。热裂解技术具有灵活的原料适用性、操作过程简单、投资费用低等优势，不足之处在于液体产品安定性差，柴油馏分需加工精制，焦炭收率高。重质油原料在热转化过程中通常会同时发生裂解和缩合两种反应，其中裂解反应主要是大分子烃类与长侧链烃、金属螯合物以及非烃类组分等裂解成小分子烃类以及轻质馏分，为吸热反应；缩合反应主要是重质原料油中大分子烃类(如胶质和沥青质组分)会进一步缩合成低 H/C 比的焦炭，为放热反应。

通常认为烃类分子的热裂解反应遵循自由基反应机理。烃类自由基是指烃类分子中 C—C 键均裂而形成的具有未成对电子的基团。1900 年 M. Gomberg 在对六苯乙烷进行研究时，首次发现并得到稳定的三苯甲基自由基。1934 年 F. O. Rice 成功地用自由基反应历程解释了烷烃分子热裂解反应，为该机理应用于石化领域奠定基础。目前，研究者可通过电子自旋共振波谱来确定自由基的存在和测量自由基的浓度。自由基链反应历程大体可分为三个阶段：链的引发、链的增长以及链的终止。

链的引发：烃类分子中键能较低的 C—C 键均裂(C—C 键能小于 C—H 键能)形成自由基；对链烃来说，中间位置的 C—C 键(键能最小)易发生断裂形成自由基；烯烃生成自由基主要发生在双键的 β 位。

链的增长：自由基把自由价反复传递，使得烃类裂解反应能够持续进行。

链的终止：自由基之间发生相互碰撞结合形成稳定的分子，导致自由基连锁反应终止。

与轻质油热裂解过程不同(在气相中发生)，重质油热裂解反应主要在液相中发生，此时，自由基易发生"笼蔽效应"，即自由基产生后会被邻近的分子像"笼子"一样包裹起来，只有脱离这个"笼子"的自由基才能引发热裂解反应，并且此"笼蔽效应"还会改变裂解反应速率和活化能。重质油热裂解反应的自由基链反应也可分为引发、增长和终止三个阶段：

链的引发：在升温至400℃时，重质油分子会被热活化而形成自由基，并且较大的自由基会进一步断裂生成较小的自由基和分子。

链的增长：自由基会促进周围烃类分子脱氢而形成新的自由基，自由基反复传递使链反应连续进行。

链的终止：自由基之间发生相互碰撞结合形成稳定的分子，导致自由基连锁反应终止。

重质油热裂解反应历程可通过吸热和放热过程来判断具体反应形式。曹文选等对几种减压渣油进行热裂解测试可知，室温~300℃时，主要发生减压渣油熔化和低分子烃类的蒸发吸热过程；300~350℃时，减压渣油的热失重不大，可能是由于低分子量烃类的热蒸发造成的；350~400℃时，烃类主要发生热蒸发和热裂解过程，这个阶段减压渣油的热失重现象明显；当温度升至430~500℃时，减压渣油主要发生焦化过程，此时烃类分子通过一系列快速反应(如裂解、缩合以及脱氢反应等)生成气体产物、液体产物和焦炭，进而减压渣油的热失重量很大。

为了更清楚地了解重质油热裂解反应机理，阙国和等通过对减压渣油四组分热裂解反应规律研究发现，随着反应温度逐步提高，四组分中饱和分、芳香分以及胶质含量逐渐降低，而沥青质含量呈现出先升高后降低的变化趋势。这是由于饱和分通常会裂解完全，不会发生缩合反应生成焦炭；芳香分中部分芳烃会发生缩合反应而生成一定量的焦炭；胶质会同时发生裂解和缩合反应，即一部分发生裂解反应生成饱和分或芳香分组分，另一部分发生缩合反应转化为沥青质和焦炭组分；沥青质倾向发生缩聚反应生成焦炭。通过上述分析可知，减压渣油热裂解反应过程，一般需经过以下途径：芳香分→胶质→沥青质→焦炭。

## 1.2.2 催化裂解反应机理

催化裂解反应是指在一定反应温度下，重质原料油与催化剂反应生成裂解气和高品质轻质油产品。相比热裂解反应，催化裂解反应能够显著提高反应速率、产物选择性和灵活性，降低裂解温度，因此，石油的二次加工过程通常会选用催化重整、催化加氢、催化裂化、催化烷基化以及异构化等催化加工过程，所涉及的催化加工催化剂类型主要有分子筛催化剂、金属硫化物催化剂以及金属催化剂等。

通常认为，重质油原料催化裂解反应是在分子筛类催化剂的酸中心作用下进行，按照碳正离子（其中碳正离子是具有一个正电荷的含碳离子中间体）反应历程进行反应。在 20 世纪初，碳正离子的概念由三位科学家 Meerwein、Ingold 和 Whitmore 提出，后来 George Olah 采用核磁共振波谱（NMR）方法证明了碳正离子的存在。到目前为止，用于重质油原料催化裂化反应的催化剂多为固体酸型催化剂，其表面一般具有 Bronsted 酸和 Lewis 酸两类酸中心，这两种酸性中心会诱导或促进烃类分子生成碳正离子。碳正离子反应历程大体可分为：碳正离子的引发、反应传递、反应终止。与热裂解反应过程以 C—C 键均裂反应不同，催化裂解反应不仅要经历碳正离子反应过程，还会发生 β 键断裂、异构化、氢转移、烷基转移等反应过程。从断键的类型来看，热裂解反应断键形成自由基是随机、无序的，而催化裂解反应断键是有选择性、有序的。因此，从裂解产物分布可看出，热裂解气体产物主要以干气产品（$C_1 \sim C_2$ 烃类、$H_2$ 等）为主，催化裂解气体产物主要以液化气产品（$C_3 \sim C_5$ 烃类）为主；相对于热裂解生成液体油产品来说，催化裂解生成液体油产品中异构化烃类含量相对较高，不饱和烃类含量相对较低，因而液体油品稳定性更好。

从反应活化能方面看，热裂解反应的活化能为 210~290kJ/mol，明显高于催化裂解反应的活化能 42~125kJ/mol，因此，在相同反应温度条件下，催化裂解反应速率更高，更易发生。重质油在催化剂表面发生裂解反应，通常需经历五个反应过程：

① 反应物扩散到催化剂表面；

② 反应物表面吸附；

③ 被吸附反应物表面反应；

④ 反应产物脱附；

⑤ 反应产物扩散到周围介质中。

由上述反应过程可知，催化反应速率不仅仅受催化剂表面的本征反应速率的影响，还受吸附速率和扩散速率的影响，因此，整个催化裂解反应速率受裂解过程中最慢的一步控制。

由于重质油从原料组成和性质上比较复杂，因此重质油催化裂解反应具有一定的特殊性。重质油在酸中心作用下的裂解过程，不仅有碳正离子催化反应过程，还有自由基链反应过程，因此，重质油裂解过程时化学和物理过程相互作用的结果。此外，重质油由于其密度和黏度较大，不易被很好地雾化和气化，因此，未被很好雾化和气化的重质油会以在催化剂表面形成液态膜，在进行气-液-固相非均相催化反应时，会促进催化剂的积炭失活。由此可知，较好的油雾化和气化效果，可尽量减少重质油以液相形态在催化剂孔道中发生生焦反应，提高催化剂使用寿命和改善裂解产物分布。

到目前为止，应用于重质油催化裂解的催化剂大多为固体酸类催化剂，在石油化工领域，最常用的是分子筛催化剂主要由载体以及负载在载体上的分子筛组成。载体主要为裂解反应提供相应的比表面积和孔道结构，此外，较好的机械强度、适宜的粒度分布和裂解活性，可实现提高催化剂的稳定性和流化效果，从而降低重油裂化催化剂使用成本。对于重质油催化裂解而言，选用载体应具有较大的孔径，大分子烃类可先在载体孔道内裂解形成小分子烃类，再在分子筛的微孔孔道中进行二次裂解反应。此外，选用的分子筛催化剂的孔道结构、抗结焦能力、抗污染能力以及酸性强弱等性能，直接影响裂解气和液体油的收率和选择性。与此同时，选用的裂解催化剂具有较稳定的晶体结构以及较好的水热稳定性，对重质原料油裂解气化循环过程尤为重要。

# 1.3 石油焦气化

石油焦是具有一定金属光泽，形状不一，由暗灰色或黑色的多孔石墨结晶构成的柱状、针状或粒状坚硬固体。主要由碳和氢元素组成，同时含有一定量的硫、氮、氧及重金属元素等杂质。另外，石油焦具有挥发分低、热值高以及灰分低等优点，且低位发热量（LHV）高，约为相同当量煤的 1.5~2 倍，是一种优质的燃料和气化原料。石油焦用于气化领域，不仅可获得合成气和用途广泛的化工原料，而且还可降低污染，是石油焦高效利用最理想的途径。到目前为止，石油焦催化气化的研究较少，这主要是由于石油焦的低气化反应活性制约了其作为气化原料。从气化反应形式上来看，碱性待生催化剂气化反应形式与煤催化气化反应形式极为相似，因此，碱性待生催化剂气化反应过程参照煤催化气化原理进行研究。

## 1.3.1 石油焦气化的化学反应

石油焦气化反应过程大体可分为两个反应阶段，第一反应阶段为石油焦热解过程，从 350℃ 开始发生热解反应，但该反应几乎瞬间完成。在反应初期，随着反应温度的提高，裂解反应占主导地位，同时伴随一定的二次反应过程（芳构化和缩合反应）；在反应后期，缩聚反应占主导地位，这个阶段主要发生液固相间缩聚、固相间缩聚、液相产物间缩聚以及自由基结合等反应过程。第二反应阶段为气化过程，从 700℃ 后开始发生气化反应，整个气化反应过程可分为气/固反应（非均相反应）、气相燃烧以及气/气反应（均相反应）三类。具体气化反应过程如表 1-4 所示。

表 1-4　气化过程中的碳的基本反应

| 反应类型 | | $\Delta H$［298K，0.1MPa/（kJ/mol）］ |
|---|---|---|
| 非均相反应（气/固） | | |
| $R_1$ 部分燃烧 | $C+1/2O_2 \Longrightarrow CO$ | -110.5 |
| $R_2$ 燃烧 | $C+O_2 \Longrightarrow CO_2$ | -393.5 |

| 反应类型 | | $\Delta H$[298K, 0.1MPa/(kJ/mol)] |
|---|---|---|
| $R_3$ 碳和水蒸气反应 | $C+H_2O \rightleftharpoons CO+H_2$ | +119.0 |
| $R_4$ Boudouard 反应 | $C+CO_2 \rightleftharpoons 2CO$ | +162.0 |
| $R_5$ 加氢气化 | $C+2H_2 \rightleftharpoons CH_4$ | -87.0 |
| 气相燃烧反应 | | |
| $R_6$ 燃烧反应 | $H_2+1/2O_2 \rightleftharpoons H_2O$ | -242.0 |
| $R_7$ 燃烧反应 | $CO+1/2O_2 \rightleftharpoons CO_2$ | -283.2 |
| 均相反应(气/气) | | |
| $R_8$ 水煤气反应 | $CO+H_2O \rightleftharpoons H_2+CO_2$ | -42.0 |
| $R_9$ 甲烷化 | $CO+3H_2 \rightleftharpoons CH_4+H_2O$ | -206.0 |

非均相气化反应中，$R_3$ 和 $R_4$ 反应是石油焦气化反应过程最为重要的反应，主要的气化产物为 CO 和 $H_2$，而气相产物中 CO 和 $H_2$ 含量也受到 $CO_2$ 还原和水蒸气分解反应的影响。其中 $R_3$ 反应为强吸热反应，反应焓达到 119.0kJ/mol。碳与二氧化碳发生的还原反应又称为 Boundouard 反应，是整体均相气化反应的控制步骤。而 $R_5$ 加氢反应可实现直接合成甲烷。$R_1$ 或 $R_2$ 反应(放热反应)可为 $R_3$ 以及 $R_4$ 反应(吸热反应)提供反应热，该反应过程对自热式气化反应尤为重要。

实际应用过程中，可有目的调控 $R_8$ 反应(水煤气变换反应)，来改变产品气中 $H_2/CO$ 比，获得较适宜的 $H_2/CO$ 比。因此，$R_8$ 水煤气变换反应可为 $R_9$ 甲烷化反应调控产物分布，有助于合成气直接合成甲烷($R_9$ 甲烷化反应)，另外 $R_8$ 和 $R_9$ 反应一般要在催化条件进行反应。

### 1.3.2 石油焦气化反应机理

(1) 非催化气化反应机理

通过对表 1-4 分析可知，整个石油焦气化反应热由 $R_1$ 或 $R_2$ 反应(燃烧反应)提供，石油焦气化反应过程主要由 $R_3$、$R_4$ 以及 $R_5$ 反应组成。从气化反应速率方面考虑，通常情况下 $R_3$ 和 $R_4$ 反应较快，$R_5$ 反应较慢，另外，$R_5$ 反应一般需要催化剂的参与方可进行。因此，在研究含碳材料气化机理时，一般只研究 $R_3$ 和 $R_4$ 反应。研究者通过大量研究认为，石油焦/水蒸气反应为非均相气/固反应，通常需经历五个反应过程：

① 气化剂扩散到石油焦表面(扩散过程)；

② 气化剂与石油焦形成中间相产物吸附在石油焦表面(吸附过程)；

③ 中间相产物与碳反应形成活性中心(表面反应过程)；

④ 气体产物脱附(脱附过程)；

⑤ 气体产物扩散到周围介质中(扩散过程)。

以 $C-CO_2$ 以及 $C-H_2O$ 气化反应为例，研究者通过对 C 与 $H_2O$ 或 $CO_2$ 反应速率常数及转化率分析，提出碳氧表面复合物的概念，并通过实验证明该碳氧复合物的存在。基于碳氧表面复合物概念，研究者提出氧交换理论来合理解释 $C-CO_2$ 以及 $C-H_2O$ 气化反应过程。该理论认为气化剂首先在碳表面发生吸附反应，形成碳氧表面复合物(活性位)，然后再气化碳转化。具体反应过程如下所示。

$C-CO_2$ 气化反应：

$$C_f + CO_2 \longrightarrow C(O) + CO \qquad (1-1)$$

$$C(O) + C \longrightarrow CO + C_f \qquad (1-2)$$

$C-H_2O$ 气化反应：

$$C_f + H_2O(g) \longrightarrow C(O) + H_2 \qquad (1-3)$$

$$C(O) + C \longrightarrow CO + C_f \qquad (1-4)$$

其中，$C_f$ 代表空穴，即可吸附氧形成活性位；$C(O)$ 代表形成的碳氧表面复合物，且该活性位不会因氧源不同而在活性或结构上存在差异。研究发现，尽管碳气化反应过程不同，氧活性位主要通过分子态吸附或分子在吸附中离解形式吸附在碳的表面。

(2) 催化气化反应机理

催化气化技术具有降低初始气化温度和反应活化能、提高反应速率和转化率、调控气体组成等优势，自 1867 年该理论首次被提出，国内外科研工作者对煤催化气化反应特性及反应机理进行深入研究，取得较多研究成果和进展。到目前为止，认可度较高的气/固催化气化机理主要包括氧传递机理和反应中间体机理。

① 氧传递机理

为了解释催化剂在焦炭气化过程中的作用，研究者引入氧传递机理。Chatterji 和 McKee 根据石墨-$CO_2$ 气化反应研究，提出由碱金属催化剂参与下的氧传递机理：

$$M_2CO_3 + 2C \longrightarrow 2M + 3CO \qquad (1-5)$$

$$2M + CO_2 \longrightarrow M_2O + CO \qquad (1-6)$$

$$M_2O + CO_2 \longrightarrow M_2CO_3 \qquad (1-7)$$

总反应式：

$$C + CO_2 \longrightarrow 2CO \qquad (1-8)$$

其中，M 代表碱金属元素。在气化反应初始阶段，碱金属盐先被碳还原为气态碱金属原子，随后碱金属原子又会被 $CO_2$ 氧化为碱金属氧化物，经过这种反复还原和氧化过程，气化反应过程得以进行。另外，Verra 和 Koening 等通过研究验证了还原-氧化气化反应的可行性。

Koening 等对碱金属盐催化碳气化反应过程进行研究，研究认为碱金属盐会首先形成碱金属活性中间体作为氧传递过程的载体，使活性氧不断传递下去(即：气相→固相→气相)。基于氧传递机理，Wen 等提出了 $K_2CO_3$ 催化煤/水蒸气或二氧化碳气化反应机理，具体反应过程如下：

$C-H_2O$ 催化反应过程为

$$K_2CO_3 + 2C \longrightarrow 2K + 3CO \qquad (1-9)$$

$$2K + 2nC \longrightarrow 2C_nK \qquad (1-10)$$

$$2C_nK + 2H_2O \longrightarrow 2nC + 2KOH + H_2 \qquad (1-11)$$

$$2KOH + CO \longrightarrow K_2CO_3 + H_2 \qquad (1-12)$$

$C-CO_2$ 催化反应过程为

$$K_2CO_3 + 2C \longrightarrow 2K + 3CO \qquad (1-13)$$

$$2K + 2nK \longrightarrow 2C_nK \qquad (1-14)$$

$$2C_nK + CO_2 \longrightarrow (2C_nK)OCO \longrightarrow (2nC)K_2O + CO \qquad (1-15)$$

$$(2nC)K_2O + CO_2 \longrightarrow (2nC)K_2CO_3 \longrightarrow 2nC + K_2CO_3 \qquad (1-16)$$

氧传递反应机理可较为合理的诠释碱金属盐/水蒸气催化含碳材料反应过程(通过还原-氧化反应)。基于上述机理分析,潘英刚等提出了更为合理的 $C-CO_2$ 催化气化反应过程:

$$M_2CO_3+2C \longrightarrow 2M+3CO \qquad (1-17)$$

$$2M+2H_2O \longrightarrow 2MOH+H_2 \qquad (1-18)$$

$$2MOH+CO \longrightarrow M_2CO_3+H_2 \qquad (1-19)$$

$$CO+H_2O \longrightarrow CO_2+H_2 \qquad (1-20)$$

$$C+2H_2O \longrightarrow CO_2+2H_2 \qquad (1-21)$$

其中,M 代表碱金属元素。通过上述反应过程分析,碱金属类催化碳气化转化速率高低受活性中间体 MOH 的生成速率影响。研究还发现,过渡金属催化剂对含碳材料同样具有较好的催化气化性能,但一般只有单质形态的具有催化反应活性,且催化反应活性高低决定了焦炭催化气化反应的难易程度。过渡金属/水蒸气催化反应过程如下所示:

$$3N+H_2O \longrightarrow N(O)+2N(H) \qquad (1-22)$$

$$N(O)+C \longrightarrow N+C(O) \qquad (1-23)$$

$$C(O) \longrightarrow CO \qquad (1-24)$$

其中,N 代表过渡金属,C(O)代表活性中心。

过渡金属 Fe 通常以多价态化合物的形式存在,且在水蒸气反应过程中很难被还原为单质 Fe。因此,认为 $Fe/H_2O$ 催化气化含碳材料较为合理的反应过程为

$$Fe_xO_y+H_2O \longrightarrow Fe_xO_y(O)+H_2 \qquad (1-25)$$

$$Fe_xO_y(O)+C \longrightarrow Fe_xO_y+C(O) \qquad (1-26)$$

朱珍平等采用 $CO_2$ 脉冲技术考察不同原料和制备条件(前驱体、Fe 负载量以及制备方法)对煤焦催化气化的影响,进而提出可能的 $Fe/CO_2$ 催化气化煤焦的反应过程:

$$Fe_3C+CO_2 \longrightarrow Fe_3C(O)+CO \qquad (1-27)$$

$$Fe_3C(O)+C \longrightarrow Fe_3C+CO \qquad (1-28)$$

由上述分析可知,氧传递反应机理仍在发展过程中,且提出的各种碳催

化气化机理均存在一定的局限性，不具有普适性。

② 反应中间体机理

对于中间体的研究，研究者主要在中间体的组成、结构以及种类等方面存在较大分歧，因而反应中间体机理同氧传递机理一样，也存在一定的局限性，即不同的研究对应不同的反应中间体机理。例如，有研究认为碱金属只有在单质状态才能更好地发挥催化反应活性；也有研究认为碱土金属催化活性高，主要是由于增加活性位数量和形成活性中间体。因此，该机理的进一步发展取决于对反应中间体的准确测定与揭示。到目前为止，认可度较高的反应中间体气化机理如下所示：

$$M_2CO_3 + 2C \longrightarrow 2M + 3CO \qquad (1-29)$$

$$2M + 2nC \longrightarrow 2C_nM \qquad (1-30)$$

$$2C_nM + CO_2 \longrightarrow (2C_nM) \cdot M_2CO_3 \longrightarrow 2nC \cdot M_2O + CO \qquad (1-31)$$

$$2nC \cdot M_2O + CO_2 \longrightarrow (2nC) \cdot M_2CO_3 \longrightarrow 2nC + M_2CO_3 \qquad (1-32)$$

总反应式：

$$C + CO_2 \longrightarrow 2CO \qquad (1-33)$$

其中，M 代表碱金属。

对于 K 盐催化气化含碳材料来说，Wen 等认为在气化反应初始阶段，K 盐先被 C 还原成 K 单质形态，然后 K 单质与焦中石墨 C 或芳香 C 形成络合物 $C_nK$（碱金属嵌入络合物），该活性中间体可实现催化 $C-H_2O$ 或 $C-CO_2$ 反应。

初始阶段： $\qquad K_2CO_3 + 2C \longrightarrow 2K + 3CO \qquad (1-34)$

$C_nK$ 形成： $\qquad 2K + 2nC \longrightarrow 2C_nK \qquad (1-35)$

$C_nK-H_2O$ 反应： $2C_nK + 2H_2O \longrightarrow 2nC + 2KOH + H_2 \qquad (1-36)$

析出 $K_2CO_3$： $\qquad 2KOH + CO \longrightarrow K_2CO_3 + H_2 \qquad (1-37)$

总反应式：

$$C + H_2O \longrightarrow CO + H_2 \qquad (1-38)$$

Huttinger 认为 K 盐在进行催化气化含碳材料时，会生成中间体络合物 $K_xO_y$，另外，还认为在整个气化过程中起催化作用的组分为 KOH，且 $K_mO_n^-$

与 $K_mO_n^+$ 间反复氧化/还原反应是 K 催化活性的来源。反应机理如下所示：

$$K_mO_n^- + CO_2 \longrightarrow K_mO_n^+ + CO \tag{1-39}$$

$$K_mO_n + C \longrightarrow K_mO_n^- + CO \, (m>n) \tag{1-40}$$

碱金属与碱土金属类元素是公认的含碳材料催化气化的催化剂，具有较好催化气化反应活性，通常认为碱土金属盐-$H_2O$ 催化气化含碳材料的反应机理如下所示：

$$M_2CO_3 + C \longrightarrow 2MO + 2CO \tag{1-41}$$

$$MO + H_2O \longrightarrow M(OH)_2 \tag{1-42}$$

$$M(OH)_2 + CO \longrightarrow MCO_3 + H_2 \tag{1-43}$$

其中，M 代表碱土金属。

谢克昌等对 CaO 催化气化煤焦进行研究，研究认为催化剂 CaO 的主要作用是增加催化反应活性位数量，同时形成不稳定的活性中间体，但未能实现降低碳/水蒸气气化反应的活化能。具体的反应过程为：首先，CaO 均匀分布在煤焦的表面，然后水蒸气在煤焦表面与 CaO 发生吸附和解离，解离形成 $OH^-$ 和 $H^+$ 分别定位于 $Ca^{2+}$ 和 $O^{2-}$ 上，相邻的—OH 结合脱掉一个水分子，得到一个 $O^{2-}$，形成活性中间体(CaO—O)，再通过氧传递过程进行反应。

$$CaO\text{-}O + C \longrightarrow CaO + C(O) \tag{1-44}$$

$$C(O) \longrightarrow CO \tag{1-45}$$

通过对氧传递机理和反应中间体机理分析，发现上述两种催化气化机理只针对特定气化反应条件适用，不具有气化反应普适性。

### 1.3.3 石油焦气化研究进展

(1) 石油焦非催化气化研究进展

石油焦在低温或非催化条件下具有较低的气化活性和转化率，因此，为了提高石油焦气化活性和转化率，通常采用高温或长停留时间等操作条件进行反应，但运行成本与能耗相应提高。目前，国内外对石油焦非催化反应研究主要集中在石油焦与气化剂($CO_2$、$H_2O$ 或 $O_2$)中一种或多种反应。

Tyler 等通过对石油焦-$CO_2$ 气化研究发现：当石油焦转化率小于 45%

时，气化反应级数恒定（接近0.6）；当石油焦转化率达到21%~45%，石油焦气化反应活化能恒定（203~237kJ/mol）。

Wu等考察不同反应条件下石油焦或煤焦与$CO_2$气化反应活性，研究发现：在较高温度条件下，相对于煤焦来说，石油焦更易石墨化，且气化温度越高，石墨化趋势就越明显；另外随着气化温度逐渐升高，石油焦比表面积逐渐增加，而煤焦比表面积逐渐减小；随着反应压力逐步提高，石油焦气化有效比表面积呈现先提高后降低的趋势，而煤焦的则呈现先减小后增加的趋势。

Sahimi等和Bhatia等研究表明，石油焦的初始孔隙率影响非催化气化反应速率。在反应初始阶段，石油焦初始孔隙率较低，反应速率较小，随着气化反应的进行，石油焦的孔道逐渐被打开，有效比表面积逐渐增加，同时气化反应速率也逐渐增加。随后有效比表面积逐渐减小，反应速率也逐渐减小。因此，石油焦气化转化率只与石油焦自身性质有关，与气化温度或蒸汽分压无关。

Hurt、Dutta和Keiichiro等研究发现，焦炭-$H_2O$反应多发生于0.6nm以上的微孔，焦炭-$CO_2$反应多发生于大于1.5nm的微孔。因此，不同焦炭气化反应的有效比表面也不同，而焦炭的初始孔隙率和微孔分布不同，会导致在$H_2O$和$CO_2$气氛中的气化反应速率不同。即选用的焦炭的孔径越小，焦炭-$CO_2$反应速率就比焦炭-$H_2O$反应速率慢越多。

吴治国等考察相同时间（15min）以及不同反应温度（800~950℃）对焦炭-$H_2O$气化性能的影响，并通过$CO_2$+CO收率来计算焦炭转化率。结果表明：在低温下，焦炭-$H_2O$气化反应速率较低，在高温下（如930℃），焦炭转化率和气化反应速率明显加快，但焦炭转化率也仅为53.2%。

Revankar等考察不同石油焦粒径、孔径以及焦饼厚度在催化剂（有或无）和水蒸气条件下的气化特性。结果表明气化反应速率随着石油焦粒度的增加而增加，但随着焦饼厚度的增加而减小。

David等考察气化剂$CO_2$、$H_2O$以及$O_2$对石油焦或煤焦气化本征反应性的影响，结果表明：在焦炭转化率达到40%时，两种焦炭气化反应速率接近

0.6，这可能与焦炭有效比表面积有关。另外，在 $CO_2$ 和 $H_2O$ 氛围下，焦炭气化反应活化能未发生改变（214～242kJ/mol），而在氧气氛围下，气化反应活化能明显降低，仅为 155kJ/mol。石油焦的相对气化本征反应速率呈现为 $O_2 > CO_2 > H_2O$。

Arthur 等和 Brown 等研究反应条件对氧气与石油焦气化产物的影响，结果表明：气化产物中 $CO/CO_2$ 比与气化温度有关，即气化温度升高，$V_{CO}/V_{CO_2}$ 也随之升高。以气化温度 530℃ 为例，当温度低于 530℃ 时，$V_{CO}/V_{CO_2}$ 的比值小于 1，而温度高于 530℃ 时，$V_{CO}/V_{CO_2}$ 的比值大于 1。但在实际生产过程中，$V_{CO}/V_{CO_2}$ 的比值却总小于 1，与研究结果相反。

李庆峰等选用气化剂 $H_2O$ 或 $CO_2$ 对石油焦气化活性进行考察，结果表明：在相同的气化反应条件下，两种气化剂均具有较好的气化活性，且 $C-H_2O$ 反应的气化反应速率是 $C-CO_2$ 反应的十几倍。在整个反应过程中，石油焦的转化率与气化反应温度以及反应压力无关，仅与气化介质有关。

（2）石油焦催化气化研究进展

相比于非催化气化技术，催化气化技术可根据选用的催化剂类型，可实现降低气化温度、提高反应速率和转化率、调控产物组成、降低投资成本等优势。碱性催化剂（如碱金属催化剂、碱土金属催化剂、过渡金属催化剂等）被广泛用于石油焦催化气化转化过程中。此外，可弃型催化剂（如工业废碱液、煤灰、转炉赤泥等）由于价格低廉、种类繁多、无需回收，引起了广泛关注。

Wu 等考察碱金属改性石油焦与水蒸气催化气化活性的影响，结果表明：当碱金属添加量为 0.5mmol $K_2CO_3$/g-PC（单位质量焦炭碱金属添加量），气化温度为 650～850℃ 时，碱金属可显著提高石油焦/水蒸气气化活性，且气体气中 $H_2$ 和 $CO_2$ 收率以及选择性高，$H_2/CO$ 比较高（达到 3.1～16.3）。

黄胜等研究不同钾盐对石油焦水蒸气气化活性及产品气组成的影响，结果表明：不同钾盐催化剂可实现提高石油焦气化反应速率和转化率，促进多产富氢合成气（$H_2$ 收率为 55.0%～60.4%）；然而随着气化温度的升高，由于钾催化剂对水煤气变换反应的影响，产品气中 $H_2$ 产品收率略有下降。此外，不同钾盐催化剂对石油气/水蒸气气化产物收率影响较小。

胡启静等考察添加 $FeCl_3$ 对石油焦/$CO_2$ 反应特性的影响，研究发现随着 $FeCl_3$ 的添加量逐渐增加，石油焦的反应活性不断增加；而随着石油焦转化率逐渐增加，$FeCl_3$ 催化石油焦气化活性逐渐降低，这可能是由于在石油焦催化气化反应初始阶段，活性组分铁主要以 $Fe_3C$ 的形式存在，随着石油焦气化反应的进行，$Fe_3C$ 会与石油焦中的 S 发生反应生成 FeS，导致 $FeCl_3$ 催化剂中毒，进而催化活性逐渐降低。

Liu 等为了改善石油焦的气化反应活性，向石油焦中添加一定量的煤液化残渣作为催化剂，结果表明：添加煤液化残渣后石油焦的气化反应活性可大幅度提高，而液化残渣对石油焦气化反应活性影响的幅度，主要取决于液化残渣的添加量以及气化反应温度；在化学反应控制条件下，气化反应温度越高，煤液化残渣的催化效果越好。

Zhan 等对造纸黑液催化石油焦/$CO_2$ 气化活性进行研究，研究发现造纸黑液可实现提高石油焦/$CO_2$ 气化反应速率和气化转化率，且石油焦/$CO_2$ 气化活性高低受造纸黑液的添加量、添加方式的影响。

李庆峰等考察在石油焦中添加神木煤灰，用于改善石油焦/水蒸气反应活性，结果表明：神木煤灰可有效提高气化反应活性(降低石油焦气化活化能)，且随着神木煤灰的添加量增加，反应速率逐渐增加；当煤灰添加量较小时，石油焦气化反应速率较低，随着煤灰添加量不断增加，反应速率增加幅度逐渐减小。

周志杰等研究不同浓度造纸黑液对石油焦/$CO_2$ 气化特性的影响，研究发现添加造纸黑液可有效降低石油焦的气化活化能；另外还发现，负载造纸黑液的石油焦的气化活性比负载 $Na_2CO_3$ 的石油焦的还要高，由此表明，造纸黑液的催化性能更好；与此同时，不管是负载造纸黑液还是负载 $Na_2CO_3$ 的石油焦，石油焦的气化活化能均显著降低，有利于达到石油焦的高效利用。

## 1.4 重油催化裂解–气化耦合工艺特点及其应用

综合上述分析，通过重油催化裂解工艺生产轻质烯烃和轻质油，可实现无渣化加工重质油资源，从而缓解国内轻质烯烃紧缺的现状，但是在劣质重油催化加工过程中存在需要大量的反应热及催化剂失活快与消耗量大的问题，成为限制该工艺进一步发展的瓶颈；此外，在石油炼制过程中，要提高烯烃产品收率，需采用短停留时间、高温、大剂/油比等操作条件。石油焦气化工艺，可将难以利用的石油焦转化为气体燃料(合成气或工业燃气)及基础化工原料，对于待生催化剂气化反应过程，还可获得再生催化剂以及降低有害污染物($H_2S$、$NH_3$ 等)的排放，从而提高重质油的高效转化利用以及炼厂经济效益，因此，石油焦气化工艺为最理想的石油焦高效利用途径。针对重质油加工精制及石油焦的高值化利用的问题，因此，如何兼顾重质油催化裂解转化，同时联产富氢合成气和避免高硫焦的产生，进而实现高效利用重质油原料，成为开发新型重质原料油炼制工艺的关键。

### 1.4.1 工艺技术特点

重质油先在下行管反应器内与催化剂进行毫秒接触催化裂解反应，待生催化剂再在提升管再生器内气化反应，通过催化剂循环实现反–再系统的耦合。相对于灵活焦化技术的三床循环来说，该工艺采用双管循环(下行管反应器和提升管再生器)，研究基础较为充分，同时简化工艺操作条件以及投资较低。采用下行管毫秒催化技术，裂解产物快速分离，有利于提高液体油产品收率、降低二次反应以及裂解生成焦炭收率。此外，在催化裂解过程中，可根据重质油原料的性质以及催化裂解产物种类选择适宜活性的催化剂进行调控转化深度，进而实现优化裂解产物分布和调控重质油转化深度。

炼厂用氢气主要来自石脑油裂解和炼厂干气分离，来源有限，远远不能满足炼厂需求，使得加氢工艺发展也受限制。特别是在加工 H/C 比较低的重质油原料时，氢源不足的问题变得尤为突出。采用催化裂解–气化耦合工艺不仅可转化重质油，又可将裂解产生的焦炭产品转化为氢气，进一步丰富了氢气的来源。此外，加工上述重质油原料，必定会带来大量的焦炭产物，刚好可通过气化过程制备更多的氢气产品，进而保证裂解液体油后续加氢工艺的顺利进行。单从裂解焦炭催化气化制取富氢合成气方面来考虑，本耦合工艺与灵活焦化工艺中气化制氢气具有相似之处。

对于碱性待生催化剂气化反应，无需在催化剂中添加具有催化活性的组分，来提高催化剂的除炭速率，其自身就具有好的催化气化效果。碱性待生催化剂气化反应主要包括两部分，即待生催化剂先与气化剂反应除掉大部分焦炭，生成富氢合成气(氢气选择性高)，然后再通过调节气化剂($H_2O/O_2$或空气)的组成，除掉残留在催化剂上的焦炭，最终实现催化剂的完全再生。另外，反应系统热量利用以及气化产物分布优化，可通过调控选用的气化剂($H_2O/O_2$)的比例来实现。

整个工艺过程中催化裂解和气化反应间热量传递，主要是通过热催化剂颗粒在整个反应系统内循环来实现，整个裂解-气化循环过程具有较高的热传递效率。重质油催化裂解反应所需热量主要来自焦炭催化气化过程，通过热催化剂来传递，且焦炭催化气化反应过程放热量要少于焦炭燃烧反应的放热量。因此，在加工易生焦的重质油时，此过程可有效降低外置换热器的热负荷，提高整个重油催化裂解与焦炭催化气化耦合工艺的热传递效率。

### 1.4.2　工艺应用

基于重质油转化要兼顾裂解和气化两方面因素，选择重质油碱性催化裂解-气化耦合工艺来实现分级和高值化转化重质油。在下行管反应器内，重质油与预热好的高温热载体(中性载体、分子筛催化剂或碱性催化剂)进行毫秒接触裂解反应，裂解过程生成的高温油气经过进一步的冷凝分离过程，得到富烯烃裂解气和轻质油(汽、柴油)；裂解产生的焦炭负载在热催化剂的表面，然后待生催化剂再经蒸汽汽提带入气化反应器，通过调控气化剂种类或比例对待生催化剂进行气化反应，从而得到高选择性的合成气(或工业燃气)，分离获得的 $H_2$ 又可以作为重质油加氢预处理的氢源，因此，该工艺可实现气化反应系统内焦炭部分的高效转化和利用。值得注意的是该工艺中热解过程采用下行管反应器毫秒催化，可实现了选择性气化的要求，减少油气停留时间及二次反应（缩合或裂解等）。另外，通过采用组合式提升管反应器对待生剂气化可有效消除提升管底部起燃难题，强化热质传递效果，缩短提升管高度，从而降低设备投资；气化剂选用水蒸气与空气混合，通过气化吸热有效解决了半焦燃烧循环热量过剩，通过对汽-氧比的调控，可实现再生热平衡，解决再生余热利用难及无渣化加工的难题。此外，整个工艺过程采用特殊设计的返料控制系统，有效避免了滑阀无法适应高温操作的窘态，且选取碱性催化剂作为裂解催化剂，有效降低裂解过程的生焦量，从而提高了裂解液体收率。

# 2

### ▶▶▶ 催化剂制备

本章对催化剂制备过程需用到的药品、重质油原料、实验装置及操作步骤、催化剂制备方法、反应流程以及产物检测分析方法等进行详细介绍。

## 2.1 原料与仪器

催化剂制备中所用到的化学试剂和气体列于表 2-1，设备仪器相关信息列于表 2-2，重质原料减压渣油的详细性质列于表 2-3。

表 2-1 实验所用的试剂及气体

| 名称 | 化学式 | 规格 |
|---|---|---|
| 氧化铝 | $\gamma-Al_2O_3$ | AR |
| 氧化钙 | CaO | AR |
| 碳酸钙 | $CaCO_3$ | AR |
| 醋酸钙 | $Ca(CH_3COO)_2$ | AR |
| 石英砂 | $SiO_2$ | AR |
| 淀粉 | $(C_6H_{10}O_5)_n$ | 食品级 |
| 四丁基氯化铵 | $C_4H_{12}NCl$ | AR |
| 十六烷基三甲基溴化铵 | $C_{19}H_{42}BrN$ | AR |
| 炭黑 | — | 纳米级 |
| 乙醇 | $C_2H_5OH$ | AR |
| 田菁粉 | — | 食品级 |

| 名称 | 化学式 | 规格 |
|------|--------|------|
| 硝酸锰 | $Mn(NO_3)_2$ | AR |
| 高锰酸钾 | $KMnO_4$ | AR |
| 氩气 | Ar | >99.999 % |

表 2-2 实验所用的仪器

| 仪器 | 型号 |
|------|------|
| 气相色谱仪 | Agilent GC7890 |
| 液相色谱仪 | Agilent 7890A |
| 电热鼓风干燥箱 | DHG300 |
| 气氛保护炉 | MXQ1600 |
| 电子天平 | MS204S/01 |
| 流化床反应器 | — |

表 2-3 原料油性质

| 性质 | | 减压渣油 |
|------|------|------|
| 密度(20℃)/($g/cm^3$) | | 0.98 |
| 运动黏度(80℃)/($mm/s$) | | 900 |
| H/C 比 | | 1.67 |
| 康氏残炭/% | | 13.5 |
| 元素分析/% | C | 87.0 |
| | H | 12.0 |
| | S | 0.3 |
| | N | 0.4 |
| | O(差值) | 0.3 |
| 族组成/% | 饱和烃 | 38.6 |
| | 芳香烃 | 33.5 |
| | 胶质 | 26.8 |
| | 沥青质 | 1.1 |
| 金属含量/($\mu g/g$) | Ni | 1.27 |
| | V | 1.83 |

## 2.2 催化剂性质及制备方法

（1）不同裂解催化剂性质

选用的催化剂主要有中性催化剂（石英砂）、酸性催化剂（水热处理 FCC 催化剂，简称 FCC 催化剂）、碱性催化剂（工业铝酸钙，简称 CA-0 和 CA-1）、自制以及改性铝酸钙催化剂（简称 $C_{12}A_7$ 和 $Mn/C_{12}A_7$）。裂解催化剂的结构特性如表 2-4 所示。

催化剂制备所用到的石英砂首先经过酸洗和煅烧（800℃）等纯化过程去除杂质，纯化后的石英砂（$SiO_2$，纯度>99.5%）再用来考察重油热裂解性能。选择石英砂作为中性催化剂，主要是由于其无酸性活性位，因而不存在催化剂失活或裂解活性变化的问题。此外，石英砂几乎无孔道结构，因而裂解生焦一般发生在石英砂表面，可与分子筛或碱性催化剂上焦炭的反应活性进行对比。

表 2-4　裂解催化剂特性

| 催化剂 | 比表面积/（$m^2/g$） | 孔容/（$cm^3/g$） | 堆密度/（$g/cm^3$） | 孔直径/Å |
|---|---|---|---|---|
| 石英砂 | — | — | 2.56 | — |
| FCC | 237 | 0.15 | 1.06 | 85.5 |
| CA-0 | 10.6 | 0.01 | 1.50 | 92.8 |
| CA-1 | 8.5 | 0.01 | 1.49 | 90.5 |
| $C_{12}A_7$ | 15.7 | 0.03 | 1.28 | 92.6 |
| 0%-$Mn/C_{12}A_7$ | 23.7 | 0.15 | 1.26 | 73.0 |
| 0.4%-$Mn/C_{12}A_7$ | 27.3 | 0.33 | 1.17 | 119.0 |
| 1.0%-$Mn/C_{12}A_7$ | 27.1 | 0.32 | 1.19 | 120.0 |
| 2.0%-$Mn/C_{12}A_7$ | 26.8 | 0.30 | 1.21 | 111.0 |

注：$1Å = 10^{-10}m$。

FCC 催化剂是经过水热处理的 Y 型催化剂。在石油加工领域，FCC 催化剂应用广泛，因而选其用来研究重油裂解性能较为可靠，另外 FCC 催化剂的孔结构、粒度、强度以及酸性活性位等参数，可对其他催化剂的开发提供指导。

铝酸钙材料由于具有高活性、热导性能、稳定性等优势，目前被广泛用于催化、吸附、氧离子导体、耐火材料等领域，也有研究将其用于轻质油裂解过程中。将铝酸钙选定为重油催化裂解-气化耦合工艺的双效催化剂，主要是由于铝酸钙表面具有游离态的 CaO 以及较好的晶体结构，同时还具有一定碱度和较好的水热稳定性。因此，铝酸钙催化剂不仅可促进重油催化裂解性能，而且还可催化气化生成的焦炭，提高催化剂气化反应速率。制备中所选用的 CA-0 催化剂为工业产品，其孔结构、表面积、酸碱性以及表观形貌等已经确定，同时其催化裂解活性也已确定。因此，在后续研究过程中，通过对扩孔和添加活性组分等方式对铝酸钙催化剂的碱强度和裂解深度进行调节，进而获得裂解活性适宜的催化剂（$C_{12}A_7$ 和 $Mn/C_{12}A_7$），这对重油深度转化开辟另一条途径。

（2）碱性催化剂制备方法

基于 CA-0 催化剂对重油裂解性能的认识，先通过固相合成法制备不同钙/铝比的铝酸钙催化剂，并用于重油催化裂解-气化反应过程中。具体制备过程：首先将 CaO 与 $Al_2O_3$ 按照 Ca/Al 摩尔比为 1∶1、1∶2、3∶1、12∶7 混合均匀，置于粉碎机进行研磨，研磨时间为 5.0min（3000r/min），然后在气氛保护炉内煅烧，升温速率为 5.0℃/min 及 Ar 保护的情况下升至 1350℃，从而获得不同钙/铝比的铝酸钙催化剂（粒度分布范围为 100~150 目）。相比 CA-0 催化剂，自制铝酸钙催化剂表面碱度和纯度较高，有利于提高重油催化裂解及气化性能。

大比表面铝酸钙以及改性铝酸钙催化剂制备流程如图 2-1 所示。首先，CaO（$CaCO_3$）和 $Al_2O_3$，以 Ca/Al 摩尔比 12∶7 进行混合，然后再加入模板剂［十六烷基三甲基溴化胺（CTAB）、炭黑、淀粉等］作为模板剂。待搅拌混合均匀后，再经过煅烧、冷却以及粉碎等过程，得到大比表面积铝酸钙催化剂样品。而对改性催化剂来说，先将前期制备的铝酸钙催化剂作为载体，在其表面负载过渡金属或碱金属元素。然后再对改性催化剂进行煅烧、成型、焙烧、粉碎等过程，得到改性铝酸钙催化剂（粒度分布范围为 100~150 目）。

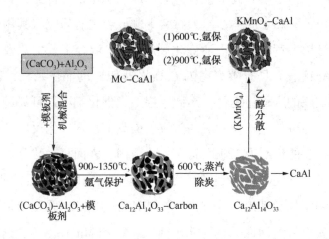

图 2-1  双功能铝酸钙催化剂制备流程

## 2.3  装置与操作流程

采用小型流化床装置对重油催化裂解-气化反应过程进行研究,具体反应装置如图 2-2 所示。整个流化床装置主要包括五部分,分别为进料系统、反应系统、分离系统、气体采集与测量分析系统等。其中流化床反应器的主体部分由总长度 800mm 和内径 25mm 的 304 不锈钢制成,反应器顶部有一段高度 200mm 和内径 90mm 的扩大段,其设计主要是为了降低出口气体催化剂夹带量。其中反应器中下部有不锈钢分布板,可将反应器划分为预热和反应两部分,在预热段,重油可与高温水蒸气混合雾化成细小的油滴,再与添加在分布板上催化剂进行催化反应。反应器采用四段加热方式,同时在反应器中心有一根内置热电偶盲管,主要是测量裂解反应区内部温度,防止因为传热问题造成的温度误差,保证裂解反应温度的准确性。此外,反应器顶部设有过滤器,防止催化剂细小颗粒被油气夹带进入分离系统,影响生成产物的物料平衡。得到的裂解产物经过冷凝和分离,进行测量和分析。

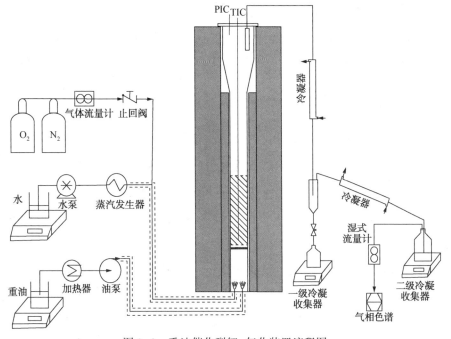

图 2-2 重油催化裂解-气化装置流程图

### 2.3.1 重油催化裂解反应过程

首先将催化剂装入反应器内，连接好流化床实验装置，并检查装置气密性。随后将重油和水分别预热到约100℃和200℃，同时所有的重油和水蒸气输送管路通过电伴热带保温，以防重油和水蒸气管路内冷凝。达到设定反应温度后，首先将水蒸气通入反应器内，促使催化剂颗粒均处于流化状态，再通入重油原料，然后在反应器预热段，重油与水蒸气混合气化成细小的油滴，通过不锈钢分布板与处于流化状态的催化剂颗粒进行接触催化裂解反应，生成高温油气和焦炭。最后通过反应器扩大段的过滤装置实现高温油气与待生催化剂分离，同时也阻止催化剂细粉进入冷凝分离系统。经过冷凝的高温油气，进入到一级收集器，未被冷凝的水蒸气和轻质馏分进入二级收集器，然后再将两段冷凝油除水，即为所得裂解液体油产品。裂解气体积通过湿式流量计记录，并取样通过气相色谱对收集的裂解气(此处将 $H_2$、$CO$、$CO_2$ 与 $C_1 \sim C_2$ 烃类定义为干气，且将 $C_3 \sim C_5$ 烃类定义为 LPG)进行气体组成分析。柱塞泵的进料速率为 2.0g/min,制备时要记录反应时间、水蒸气和原料油质量、湿式流量计读数以及液体油质量,并收集裂解气体进行分析,最后再计算出相应的裂解产物收率以及分布情况。

（1）反应装置部分改进

针对重油原料油不容易雾化的特点,选用先将重油和水分别预热,然后在反应器预热段,通过高温水蒸气雾化气化预热重油的解决方式。水蒸气选用较细的管径进料,气体流速较快,而重油选用较粗的管径进料,且呈现一定的角度,该设计主要是为了提高重油雾化效果,进而提高重油的催化转化率。

为了保证整个反应系统内温度的稳定,选用加热炉四段分别控温加热的方式,其中反应器内部温度检测采用内置热电偶盲管,保证整个反应系统的温度恒定,从而减小裂解温度对重油裂解反应的影响,以提高整个裂解反应数据的可靠性。

（2）数据处理方法

裂解气收率:裂解气质量与进油质量的比值,其中裂解气质量由湿式流量计测定的体积与其气体组成计算所得。

裂解油收率:裂解油产品质量与进油质量的比值,其中裂解油质量由液体油产品(一级和二级冷凝所得)除去水分称重所得。

焦炭收率:催化剂表面焦炭质量与进油质量比值,其中焦炭质量通过积炭催化剂(假设整个裂解过程所产生的焦炭均负载在裂解催化剂表面)的总质量与单位质量催化剂表面焦炭含量(由红外碳硫分析仪确定)。

裂解油中重油馏分定义:模拟蒸馏组分中沸点大于 500℃馏分,视为减压渣油催化裂解过程中未转化的重油馏分。

物料平衡:通过裂解气、裂解油以及焦炭的加和与进油质量的比值,来确定裂解反应的物料平衡。选取工业铝酸钙催化剂在 700℃ 催化裂解重油(重油进料量控制在 8.0g 左右)三次平行实验结果及平均值,研究发现,三次催化裂解反应的物料平衡均在 95.0% 以上,且相对误差小于 5.0%。

### 2.3.2　碱性待生催化剂气化反应过程

通过固定床反应装置对待生催化剂气化反应条件进行优化，获得最优气化反应条件和气化剂配选比例，为待生催化剂流化气化反应提供指导。对于重油催化裂解-气化耦合工艺来说，重油催化裂解过程中产生的热态焦炭会附着在催化剂的表面，影响催化剂的催化裂解性能（活性降低或失活），因此，对积炭催化剂进行气化反应，不仅可获得高品质的富氢合成气，而且还可保证整个耦合工艺的连续进行。

（1）流化催化气化操作步骤

在重油催化裂解过程结束后，首先关闭重油和水蒸气进料，并将流化气切换成氩气，对整个流化床装置进行吹扫（以降低裂解气对气化反应气的影响），然后在氩气保护下，升高流化床反应器温度至预设温度，将吹扫气氩气切换成气化剂（$H_2O$ 或 $H_2O/O_2$ 混合气），对碱性待生催化剂进行气化反应，所得气体产物经过净化和冷凝过程，再通过湿式流量计进行气体体积计算和收集，并用气相色谱仪进行气体组成分析。

如若需要考察再生碱性催化剂的裂解性能，可通过将气化剂（$H_2O$ 或 $H_2O/O_2$ 混合气）切换成氩气吹扫整个反应系统，以降低流化床反应器温度至裂解温度，然后再将吹扫气（氩气）切换成水蒸气，用于流化裂解催化剂和油气汽提介质。采用在同一个流化床反应器内分别进行重油催化裂解-气化间歇操作，对裂解催化剂的寿命以及稳定性进行考察，进而模拟重油催化裂解-气化耦合工艺过程。此外，在催化裂解或焦炭气化反应选择性停止的情况下，对裂解催化剂上焦炭含量进行测定以及再生催化剂的分析与表征。

（2）固定床催化气化过程

碱性待生催化剂气化装置由进料系统、气化反应系统、冷却分离系统以及测量与分析系统四部分组成。首先，将碱性待生催化剂在氩气气氛保护下加热至预设反应温度，然后再对热焦炭进行催化气化反应（气化剂为 $H_2O$ 或 $H_2O/O_2$ 混合气），所得的气体产物经过净化和冷凝过程，再通过湿式流量计进行体积计量，气相色谱采样分析气体组成，未反应的水收集后称重，计算出反应掉的水的质量。

① 升温阶段操作

首先，确保 $O_2$、$N_2$ 进气阀、$O_2$、$N_2$ 质量流量计进气阀以及出口阀、针型阀、水蒸气进口阀、冷却水阀等处于关闭状态，反应开始前，打开 $N_2$ 定压阀，将压力调至至 0.3MPa，给整个气化装置检漏，同时打开质量流量计进口阀，并给定流量为 100mL/min，缓慢关闭 $N_2$ 旁路(稍微开一点)；流量计示数稳定后，打开加热炉，缓慢升温至 400℃；这时再打开水蒸气预热炉开始加热升温；升到要反应的温度，关闭 $N_2$ 减压阀，同时打开旁路，调大给定阀和放空阀，到 $N_2$ 质量流量计示数减到 0 时；准备气化装置开车。

② 微型反应装置开车操作

对于气化剂为 $H_2O$ 的气化反应，首先打开进水蒸气阀开关，反应开始，并计时；待反应温度到达设定值并恒定时，调节针型阀，同时通过湿式流量计记录下反应过程中气体体积；稳定 30~50min(视气化反应温度而定)，采集气体，进行气相色谱仪分析，取样时间间隔为 20min 左右。

对于气化剂为 $H_2O/O_2$ 混合气的气化反应，首先打开水蒸气阀，同时打开 $O_2$ 瓶减压阀，打开 $O_2$ 进气阀和出口阀、针型阀；调节 $O_2$ 质量流量计进气阀，同时调节 $O_2$ 质量流量计到达所需的质量流量，气化反应及取气体分析步骤如 $H_2O$ 气化所示。

③ 微型反应装置停车操作

关闭 $H_2O$ 和 $O_2$ 进气阀，待温度下降到一定程度后，取下反应器称重气化反应后剩余物的质量，打开冷凝器下部的针状阀，将为未反应完的水放掉，并称重。

(3) 焦炭转化率计算方法

含焦载体转化率的计算：焦炭催化气化主要转化成 CO、$CO_2$、$CH_4$ 以及其他碳氢化合物。由于气化过程中合成气收率不稳定，无法使用流量计测量合成气的体积流量，所以在试验数据处理上采用碳损失法计算碳转化率 $\eta_c$。

$$\eta_c = (C_{入炉} - C_{出炉})/(C_{入炉} \times X) \tag{2-1}$$

式中　$C_{入炉}$——加入碱性待生催化剂剂质量，g；

$C_{出炉}$——反应后再生催化剂质量，g；

$X$——碱性待生催化剂含焦率，%。

（4）石油焦催化气化反应机理

本部分主要通过高温水蒸气热重分析仪（图2-3），对不同类型石油焦（单纯石油焦、石油焦与碱性剂掺混以及石油焦负载碱性剂）水蒸气气化反应性能进行测试。

选取石油焦气化反应条件：以升温速率为20K/min升到终温1210℃，水蒸气流速40mL/min，用石油焦首先在900℃或1000℃下预处理15min，以达到除掉石油焦中残留的重油组分和挥发分的目标。

不同类型石油焦样品制备：石油焦与碱性剂（CaO或MgO）掺混样品是经过石油焦与碱性剂（CaO或MgO）简单研磨方式制备，而碱性剂（$Na_2CO_3$或$K_2CO_3$）在高温条件下易发生熔融反应，因此，石油焦与碱性剂（$Na_2CO_3$或$K_2CO_3$）掺混样品是通过碱性剂（$Na_2CO_3$或$K_2CO_3$）先浸渍到碱性剂MgO上，然后再与石油焦研磨方式制备；石油焦与碱性剂浸渍样品是通过选择$Ca(NO_3)_2$、$Mg(NO_3)_2$、$Na_2CO_3$以及$K_2CO_3$等碱性剂浸渍石油焦样品。通过上述方法制备的不同类型石油焦水蒸气催化气化性能对比，进而提出新的碳—水蒸气气化反应理论，并对新碳-水蒸气气化理论进行探讨。

图2-3　高温水蒸气热重分析仪

### 2.3.3 表征方法

本部分表征主要包括对反应产物和催化剂的分析,反应产物分析主要包括裂解气组成、液体产物馏程分布和焦炭收率等,通过这些性质来评价所选用催化剂的催化裂解性能。而催化剂性质表征主要包括结构特性、表面形貌、晶体结构与组成、碱性、表面元素分析等方面,采用的表征设备以及测试方法主要有氮气吸附分析(BET)、X 射线衍射仪(XRD)、扫描电子显微镜(SEM)、X 射线光电子能谱(XPS)以及 Hammett 指示剂法等。

(1)反应产物表征

裂解气组成表征:裂解气组成采用 Agilent 7890A 气相色谱仪(包括热导和氢火焰两个检测器)进行分析,可分析裂解气中的 $H_2$、CO、$CO_2$ 以及 $C_1 \sim C_6$ 烃类组分。而焦炭催化气化所得气化产物组成采用鲁南分析的 GC-6800A 进行测量分析,可检测的气体成分有 $H_2$、CO、$CO_2$ 以及 $C_1 \sim C_4$ 烃类。

液体产物馏程分布表征:重油催化裂解产生的液体油产品通过模拟蒸馏分析仪(CP-3800GC)进行分析,参照美国 ASTM-D2887 标准方法对液体油产品馏程分布进行分析。液体产品切割主要包括汽油馏分(IBP-180℃)、柴油馏分(180~350℃)、减压蜡油馏分(350~500℃)以及未反应的重油馏分(>500℃)。

催化剂表面焦炭含量分析采用 HX-HW8B 红外碳硫分析仪测定的。测定分析原理为先是积炭催化剂在纯氧条件下燃烧,对产生的 $CO_2$ 进行定量分析,然后反算得到催化剂表面的焦炭含量。

(2)催化剂表征

① 红外光谱表征

催化剂的红外分析采用傅里叶变换红外光谱仪进行检测,扫描测试范围:$4000 \sim 400 cm^{-1}$;波数精度;$\leqslant 0.1 cm^{-1}$。

测试分析方法:取少量的催化剂样品和一定量的 KBr 粉末(约 1:100)放入研钵内进行研磨,研磨好的样品,再放入磨具中压制成透明薄片状,放入仪器进行官能团的测量。

② 氮气吸附表征

催化剂比表面积和孔径分布采用 TristarII 3020 比表面及孔径分析仪进行测定。

测试分析方法：称取待测样品(精确至 0.0001g)于干燥瓶中，在经过真空干燥进行样品的预处理(200℃真空脱气 4h)，除去活性炭孔结构中的水分，放入液氮中，准备吸脱附，开启软件对比表面积和孔径进行，全自动检测。活性炭的比表面积通过 Brunauer-Emmett-Teller(BET)方程进行计算，微孔体积通过 DR 方程进行计算，孔径分布通过 Barrett-Joyner-Halenda(BJH)模型进行计算。

③ XRD 表征

催化剂晶体结构采用 X 射线衍射仪进行测量和揭示。每种催化剂都具有自己特定的晶体结构信息，对应不同的 X 衍射特征峰和图谱，利用这些特定的衍射峰对催化剂物相进行定性分析，进而获得不同催化剂的晶体结构情况。X 射线衍射仪采用陶瓷 X 光管发生器，工作电压和电流分别为 40kV 和 40mA，衍射波长 $\lambda = 1.5408$Å，扫描范围 5°~75°，扫描速率为 8°/min。另外，通过采用 Debye-Scherrer 公式计算碱性催化剂的平均晶粒。

④ SEM 表征

SEM 图像采用 S-4800 冷场扫描电镜获得，设备工作的基本原理是利用电子束轰击材料表面产生的二次激发电子和背散射电子进行成像观测试样微区的表面形貌。其主要用来铝酸钙与改性铝酸钙催化剂的表面形态表征，所用的加速电压为 0.5~30kV，预处理方式为喷金。

⑤ XPS 表征

催化剂表面化学组成采用 VG ESCALAB 250 spectrometer X 射线光电子能谱进行表征，射线源为非单色化的 Al-Kα X(1486.6eV，30kV)。催化剂的结合能(BE)可通过设定在 284.8eV 的 C1s 主峰进行校正。

⑥ 催化剂碱强度和总碱量表征

碱性催化剂的碱特性采用 Hammett 指示剂法进行测定。碱强度的测定方法：采用酚酞、2,4-二羟基苯胺、对硝基苯胺、二苯胺、苯胺等五种

Hammett试剂对制备的碱性催化剂进行碱强度测定。具体颜色变化与催化剂碱强度示于表2-5中。

表2-5 Hammett 指示剂

| 指示剂 | 颜色 | | pKa/H |
|---|---|---|---|
| | 酸型 | 碱型 | |
| 对-二甲氨基偶氮苯 | 红色 | 黄色 | 3.3 |
| 溴百里酚蓝 | 黄色 | 绿色 | 7.2 |
| 酚酞 | 无色 | 红色 | 9.8 |
| 2,4-二硝基苯胺 | 黄色 | 紫色 | 15.0 |
| 对硝基苯胺 | 黄色 | 橙色 | 18.4 |
| 二苯胺 | 无色 | 灰色 | 22.3 |
| 苯胺 | 无色 | 红紫色 | 27.0 |

碱性催化剂碱强度的测定过程如下：

a. 将上述 5 种 Hammett 指示剂配成浓度为 1%的指示剂-乙醇稀溶液；

b. 取 1.0mL 的 Hammett 指示剂溶液用甲醇稀释至 10.0mL；

c. 将约 0.3g 碱性催化剂放入稀释的指示剂-苯甲酸标准溶液中，搅拌约 2h；

d. 观察溶液颜色，若有特征颜色出现，表明催化剂的碱强度高于指示剂的，若无特征颜色出现，则低于指示剂的碱强度；

e. 依次进行下去，确定碱性催化剂的碱强度。

碱性催化剂的总碱量采用 Hammett 指示剂-苯甲酸标准溶液（0.02mol/L 的无水乙醇溶液）滴定的方法来测定催化剂表面的碱性位数量。具体总碱量的测定过程如下：

a. 首先配制好一定量的苯甲酸标准溶液（0.02mol/L 的无水乙醇溶液）；

b. 称取一定量（约 0.1g）的碱性催化剂加入 50mL 去离子水中搅拌均匀，同时滴入 5 滴酚酞指示剂，振荡 2h 左右；

c. 再用苯甲酸标准溶液滴至溶液刚好无色，读取苯甲酸标准溶液的消耗量，从而计算出催化剂的总碱量。

# 3
## ▶▶▶ 重油催化裂解特性与催化剂选型

　　随着世界常规原油资源日益枯竭，原油资源供应呈现出重质化和劣质化的趋势，同时在人们对石油资源的需求愈发旺盛的条件下，非常规石油资源（如重油、超重油、油砂、页岩油等）的开发逐渐成为国际上的热点；与此同时，非常规石油资源具有储量大、发展潜力高等优势，必将成为生产轻质产品(轻质烯烃和液体油)的重要资源。另外，国内外对轻质烯烃产品(乙烯和丙烯等)的需求不断增长，呈现供不应求的局面。到目前为止，轻质烯烃产品大多来自工艺成熟的蒸汽裂解过程，但在增产轻质烯烃方面，该工艺存在装置规模小，成本高及原料适用性低等劣势，无法满足需求。通过重质油原料催化裂解过程制取轻质烯烃以及轻质油产品，不仅可为重质油转化提供新思路，而且还可获得大量目标产品，以满足日益增长的市场需求。

　　本章节主要考察不同催化剂类型：中性催化剂(石英砂)、酸性催化剂(FCC 催化剂)以及碱性催化剂(铝酸钙)对减压渣油进行催化裂解，探索得到适宜的该重油催化裂解-气化耦合工艺的催化剂类型；考察裂解反应条件(温度、水/油质量比及剂油质量比)，获得适宜的重油催化裂解反应条件；此外，还考察不同钙/铝比铝酸钙催化剂催化裂解重油性能，确定最优的催化剂钙/铝比。

## 3.1 重油催化裂解特性

本章节选用中性催化剂(石英砂)、酸性催化剂(FCC)以及碱性催化剂[铝酸钙(CA-0和CA-1)]对减压渣油进行催化裂解性能测试,探索适宜重质油催化裂解-气化耦合工艺的催化剂类型。

### 3.1.1 石英砂裂解重油性能

选用流化材料为研磨筛分的石英砂,流化介质为水蒸气。由于石英砂几乎无孔道结构,且密度大,流化效果差。因此,若石英砂材料可实现正常流化,则其他裂解催化剂也可满足正常流化操作。选取水蒸气作为流化介质,可作为催化裂解过程的汽提蒸汽,同时携带产生裂解油气,从而降低裂解催化剂表面生焦量。

对于整个流化床催化反应系统来说,进油速率和流化介质表观速度均对裂解催化剂的流化状态有较大的影响。当进油速率过高(超过重油雾化气化速率)时,易造成大量未雾化好的重油进入流化床与催化剂接触,进而造成催化剂颗粒团聚无法较好流化,重油转化率显著降低。当进油速率过低时,易造成水/油质量比过高,不能准确验证重油实际雾化气化效果以及催化裂解性能。采用进油速率为2.0g/min。催化剂最小流化速度($U_{mf}$)通过所选用的流化介质、催化剂类型以及反应条件计算得到,而催化剂的表观气速和$U_{mf}$的比值即为流化数。研究发现流化数大于$9U_{mf}$可有效防止石英砂在重油裂解过程团聚,而其他催化剂根据具体流化状态适当降低,维持在$(6\sim7)U_{mf}$。

重油催化裂解反应条件中,反应温度对裂解性能影响最大。表3-1列出不同裂解温度,水/油和剂/油质量比分别为1.0和7.0为条件下,石英砂裂解减压渣油所得裂解产物和转化率的变化规律。由表3-1可以看出,随着裂解反应温度的升高,所得的裂解产物中气体收率和渣油转化率逐渐升高,液体产物逐渐降低,焦炭收率略有升高。以625℃为例,所得液体油收率达到77.2%,$C_2\sim C_4$烯烃选择性为60.8%,裂解气收率较600℃时略有提高,达到约 15.8%。从裂解液体油模拟蒸馏分析可知, 仍有约 30.6% 的减压渣油未转化(即馏程大于 500℃), 减压蜡油馏分达到 32.1%, 而汽油馏分和柴油馏分分别占到 16.2% 和 21.1%。

表 3-1　不同温度石英砂裂解减压渣油产物分布

| 催化剂 | 石英砂 | | | |
|---|---|---|---|---|
| 裂解温度/℃ | 575 | 600 | 625 | 675 |
| 气体收率[1]/% | 8.7 | 11.6 | 15.8 | 23.9 |
| $H_2+CO+CO_2$/% | 0.5 | 0.7 | 0.7 | 0.8 |
| $CH_4$/% | 0.8 | 1.3 | 1.5 | 2.2 |
| $C_2H_6$/% | 1.1 | 1.2 | 1.8 | 2.1 |
| $C_2H_4$/% | 2.9 | 3.8 | 6.0 | 8.4 |
| $C_3H_8$/% | 0.6 | 0.6 | 0.9 | 1.1 |
| $C_3H_6$/% | 1.4 | 2.5 | 3.1 | 5.4 |
| $C_4H_{10}$/% | 0.4 | 0.3 | 0.3 | 0.4 |
| $C_4H_8$/% | 0.5 | 0.4 | 0.5 | 0.6 |
| $C_5$ 以上/% | 0.5 | 0.8 | 1.0 | 0.9 |
| $C_2 \sim C_4$ 烯烃选择性/% | 55.2 | 57.8 | 60.8 | 60.3 |
| 液体收率/% | 85.6 | 82.1 | 77.2 | 68.9 |
| 焦炭收率/% | 5.7 | 6.3 | 7.0 | 7.2 |
| 裂解液体油模拟蒸馏组成分布 | | | | |
| 汽油/% | 5.1 | 9.4 | 16.2 | 23.7 |
| 柴油/% | 11.5 | 15.6 | 21.1 | 24.4 |
| 减压蜡油/% | 34.8 | 35.0 | 32.1 | 26.5 |
| 重油[2]/% | 48.6 | 40.0 | 30.6 | 25.4 |

[1]气体收率是指裂解气质量与进油质量的比值;

[2]重油是指模拟蒸馏组分中沸点大于 500℃ 馏分, 视为未转化的重油馏分。

这可能由于中性催化剂(石英砂)几乎不存在孔道结构和比表面积, 且表面也不存在酸性或碱性催化活性中心, 因此, 石英砂转化减压渣油主要是通过热裂解过程。根据热裂解反应机理可知, 减压渣油中的大分子化合物按照自由基链反应机理断裂其中的 C—C、C—H 以及 C—杂原子键, 转化为小分子裂解产物。由表 3-1 石英砂裂解减压渣油产物分布可知，所得裂解气中干气收率($H_2$、CO、$CO_2$ 以及 $C_1 \sim C_2$ 烃类)较高，由此表明，石英砂裂解减压渣油主要是通过热裂解过程将其转化为小分子裂解产物，且即使采用较高的裂解反应温度(625℃时)，轻质油收率约占 50.0%。较低的重油转化率和轻质油收率表明，中性催化剂(石英砂)在减压渣油裂解过程中主要是提供热转化的能量和场所，由此表明，仅通过热裂解过程不能满足将重质油尽可能多的转化为轻质烯烃和轻质油等目标产品。

### 3.1.2　FCC 催化剂催化裂解重油性能

不同裂解反应温度，相同水/油和剂/油质量比条件下，FCC 催化剂裂解渣油产物分布及转化率变化规律如表 3-2 所示。

表 3-2　不同温度 FCC 催化剂裂解减压渣油产物分布

| 催化剂 | FCC | | | | |
|---|---|---|---|---|---|
| 裂解温度/℃ | 530 | 580 | 600 | 625 | 650 |
| 气体收率/% | 19.5 | 28.7 | 34.5 | 39.4 | 43.9 |
| $H_2$+CO+$CO_2$/% | 1.0 | 0.8 | 1.3 | 1.1 | 1.3 |
| $CH_4$/% | 3.7 | 5.0 | 5.7 | 6.2 | 6.6 |
| $C_2H_6$/% | 1.5 | 2.4 | 2.1 | 2.6 | 3.0 |
| $C_2H_4$/% | 1.2 | 2.8 | 3.5 | 3.8 | 4.5 |
| $C_3H_8$/% | 1.4 | 2.6 | 2.7 | 2.9 | 3.2 |
| $C_3H_6$/% | 3.6 | 5.0 | 6.6 | 8.4 | 9.6 |
| $C_4H_{10}$/% | 2.5 | 3.5 | 4.1 | 5.2 | 6.1 |
| $C_4H_8$/% | 3.0 | 4.6 | 5.3 | 6.8 | 7.6 |
| $C_5$ 以上/% | 1.5 | 1.9 | 2.2 | 2.4 | 2.0 |
| $C_2 \sim C_4$ 烯烃选择性/% | 40.0 | 43.2 | 44.6 | 48.2 | 49.4 |
| 液体收率/% | 70.9 | 62.1 | 55.8 | 51.1 | 46.2 |
| 焦炭收率/% | 9.6 | 9.2 | 9.7 | 9.5 | 9.9 |
| 裂解液体油模拟蒸馏组成分布 | | | | | |
| 汽油/% | 45.2 | 51.5 | 53.4 | 55.6 | 57.3 |

| 裂解液体油模拟蒸馏组成分布 | | | | |
|---|---|---|---|---|
| 柴油/% | 44.0 | 42.7 | 42.6 | 41.0 | 40.6 |
| 减压蜡油/% | 8.1 | 5.8 | 4.0 | 3.4 | 2.6 |
| 重油/% | 2.7 | 0 | 0 | 0 | 0 |

注：气体收率及重油同表 3-1。

由表 3-2 可知，FCC 催化剂在裂解温度从 530℃增加至 650℃过程中，裂解气收率逐渐增加，裂解液体油收率显著降低，$C_2 \sim C_4$ 烯烃选择性从 40.0% 增加到接近 49.4%，减压渣油实现完全转化，且裂解产物主要为裂解气和轻质油（汽、柴油馏分）产品。在 530℃时，产物中裂解气收率达到 19.8%，$C_2 \sim C_4$ 烯烃选择性较低，仅为 40.0%，裂解液体油收率较高，达到 70.6%，其中汽、柴油收率占到整个液体油收率的约 90.0%。当裂解温度升到 650℃时，裂解气收率高达 43.9%，$C_2 \sim C_4$ 烯烃选择性提高到 49.4%，裂解液体油收率仅有 48.2%，且汽、柴油馏分收率占到整个液体油收率的 98.0% 左右。由上述裂解数据分析可知，在选取的裂解温度 530~650℃范围内，所选用的 FCC 催化剂的催化反应活性较高。对裂解液体油产品模拟蒸馏分析可知，裂解液体油主要由汽油和柴油馏分组成，且收率达到 89.0% 以上。此外，裂解气中干气收率较石英砂裂解干气收率显著降低，由此表明，FCC 催化剂转化重油的反应机理与石英砂的不同，FCC 催化剂裂解重油主要遵循碳正离子机理，为裂解反应提供表面酸催化活性中心，促进重油分子中的 C—C 和 C—H 键断裂，获得以液化石油气为主的裂解气，因而裂解气中干气收率明显降低。

另外，重油转化过程通常会同时发生热裂解和催化裂解两个反应过程，从反应活化能方面看，热裂解反应的活化能为 210~290kJ/mol，明显高于催化裂解反应的活化能 42~125kJ/mol，由此表明，热裂解反应比催化裂解反应对反应温度更敏感，因此，随着反应温度的升高，热裂解反应逐渐增强（所占比重逐渐增加），导致裂解气中干气收率逐渐增加。

由表 3-1 石英砂裂解数据和表 3-2 FCC 催化剂裂解数据分析可知，仅通过单一惰性载体(石英砂)或催化活性相对较强的 FCC 催化剂裂解减压渣油,均不能同时满足高轻质烯烃收率、高轻质油收率以及高转化率的重质原料油转化目标。

### 3.1.3 铝酸钙催化剂催化裂解重油性能

通过对石英砂和 FCC 催化剂的重油裂解性能的考察,选用工业铝酸钙(不同总碱量的 CA-0 和 CA-1)作为碱性催化剂测试类型,通过研究发现此类催化剂主要是由氧化铝与金属氧化物的混合物等碱性氧化物组成,具有良好的结晶相、裂解性能、无酸性或酸性较弱,稳定性以及水热稳定性好等优势。目前被广泛用于催化、吸附、氧离子导体、耐火材料等领域,也有研究将其用于石油原料裂解过程中。不同裂解温度,相同水/油和剂/油质量比条件下,碱性催化剂(铝酸钙)裂解减压渣油的转化率以及产物分布变化规律如表 3-3 所示。对于在 650~725℃ 范围内,两种铝酸钙催化剂裂解减压渣油裂解气中 $C_2 \sim C_4$ 烯烃选择性较高,达到 62%~64%,裂解液体油产品收率均在 60.0% 以上,且裂解液体油中以汽、柴油馏分为主,可进一步精制得到高品质轻质油产品,焦炭收率仅为 5.1%。由此表明碱性催化剂可抑制催化剂表面积炭。由上述裂解结果表明,在各自最优裂解反应条件下,相比 FCC 催化剂,铝酸钙催化剂(CA-0 和 CA-1)具有较适宜的催化裂解活性,可实现多产低碳烯烃和轻质油(汽、柴油)等目标产物。

表 3-3 不同温度碱性催化剂裂解减压渣油产物分布

| 催化剂 | CA-0 | | | CA-1 | | |
|---|---|---|---|---|---|---|
| 裂解温度/℃ | 650 | 700 | 725 | 650 | 700 | 725 |
| 气体收率/% | 23.2 | 26.8 | 30.5 | 21.5 | 24.5 | 28.0 |
| $H_2$/% | 0.3 | 0.2 | 0.4 | 0.2 | 0.3 | 0.2 |
| $CO+CO_2$/% | 0.6 | 0.8 | 0.7 | 0.5 | 0.6 | 0.8 |
| $CH_4$/% | 2.0 | 2.4 | 2.7 | 2.1 | 2.2 | 2.5 |
| $C_2H_6$/% | 2.3 | 2.6 | 3.0 | 2.2 | 2.4 | 2.8 |
| $C_2H_4$/% | 7.4 | 9.2 | 10.4 | 7.1 | 8.6 | 9.6 |

| 催化剂 | CA-0 | | | CA-1 | | |
|---|---|---|---|---|---|---|
| $C_3H_8$/% | 1.3 | 1.4 | 1.7 | 1.2 | 1.3 | 1.5 |
| $C_3H_6$/% | 5.5 | 6.3 | 7.5 | 5.1 | 5.8 | 6.9 |
| $C_4H_{10}$/% | 0.4 | 0.5 | 0.6 | 0.4 | 0.5 | 0.6 |
| $C_4H_8$/% | 1.8 | 1.3 | 1.7 | 1.2 | 1.0 | 1.4 |
| $C_5$ 以上/% | 1.6 | 2.0 | 1.8 | 1.5 | 1.8 | 1.7 |
| $C_2 \sim C_4$ 烯烃选择性/% | 63.4 | 62.7 | 64.3 | 62.3 | 62.9 | 63.9 |
| 液体收率/% | 71.7 | 68.0 | 64.2 | 73.4 | 70.2 | 66.7 |
| 焦炭收率/% | 5.1 | 5.2 | 5.3 | 5.1 | 5.3 | 5.3 |
| 裂解液体油模拟蒸馏组成分布 | | | | | | |
| 汽油/% | 48.1 | 51.6 | 53.9 | 45.6 | 49.5 | 51.1 |
| 柴油/% | 29.4 | 29.2 | 30.3 | 29.2 | 29.1 | 30.4 |
| 减压蜡油/% | 12.2 | 11.6 | 10.3 | 13.6 | 12.3 | 11.0 |
| 重油/% | 10.3 | 7.6 | 5.5 | 11.6 | 9.1 | 7.5 |

注：气体收率及重油同表 3-1。

## 3.2　待生催化剂剂气化性能

### 3.2.1　不同待生剂初始气化反应温度及产品气组成

（1）不同待生剂初始气化反应温度

碱性待生催化剂气化是一个研究重点，其决定着整个重油催化裂解-气化耦合工艺的合理性、先进性和经济性。对待生石英砂、FCC 以及铝酸钙催化剂的初始气化反应温度及焦炭完全转化温度进行考察，采用高温水蒸气热重分析仪，升温速率 10K/min，水蒸气流速为 40mL/min，相同的气化反应终温。本部分主要对不同催化剂类型对焦炭/水蒸气气化性能的影响规律进行研究，具体变化规律如图 3-1 所示。

由图 3-1 中 TG 曲线可以看出，三种样品均在 400℃ 开始出现失重，这可能是由于裂解过程中残留在三种催化剂上重油发生裂解反应所导致。从图

3-1中DTG曲线分析可知，石英砂上的焦炭约从760℃开始发生反应，在867℃时达到最快气化反应速率；而在FCC和铝酸钙催化剂上焦炭分别从681℃和665℃开始发生气化反应，直到约790℃时达到最快气化反应速率。从TG曲线可以看出，铝酸钙催化剂上焦炭在850℃时被完全转化，而FCC催化剂和石英砂分别约在957℃和990℃时才实现完全转化。由上述分析可知，铝酸钙催化剂用于焦炭/水蒸气气化反应，不仅可显著降低待生催化剂初始气化反应温度，又可提高催化剂表面焦炭催化气化反应速率，充分表明铝酸钙催化剂具有催化裂解和气化双功能特性。

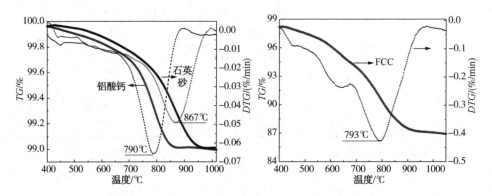

图3-1　石英砂、FCC和铝酸钙催化剂对焦炭/水蒸气气化性能的影响

（2）待生剂气化产品气组成

由图3-1可知，较石英砂和FCC催化剂，铝酸钙催化剂可实现降低初始气化反应温度（约665℃），而气化气的组成无法检测，因而选取在流化床反应器内分别对上述三种待生催化剂（石英砂、FCC以及铝酸钙）的气化气的组成及焦炭转化率变化规律示于表3-4。

表3-4　不同催化剂的焦炭转化率以及气体分布

| 催化剂 | 条件Ⅰ | 条件Ⅱ | | | | 条件Ⅲ | | |
|---|---|---|---|---|---|---|---|---|
| | CA-0 | 石英砂 | FCC | CA-0 | CA-1 | FCC | CA-0 | CA-1 |
| $H_2$/%（体积） | 57.3 | 54.2 | 41.2 | 61.7 | 59.5 | 36.6 | 56.0 | 55.1 |
| CO/%（体积） | 15.7 | 9.9 | 43.4 | 14.6 | 14.3 | 43.7 | 12.2 | 12.4 |
| $CH_4$/%（体积） | 0.3 | 3.2 | 3.1 | 0.1 | 0.2 | 2.4 | 0.1 | 0.2 |
| $CO_2$/%（体积） | 25.2 | 31.6 | 11.3 | 23.0 | 24.2 | 16.5 | 31.0 | 31.5 |

| 催化剂 | 条件Ⅰ | 条件Ⅱ | | | | 条件Ⅲ | | |
|---|---|---|---|---|---|---|---|---|
| | CA-0 | 石英砂 | FCC | CA-0 | CA-1 | FCC | CA-0 | CA-1 |
| $C_2\sim C_3$/%(体积) | 1.6 | 1.1 | 1.0 | 0.6 | 0.8 | 0.8 | 0.6 | 0.8 |
| 转化率/% | 82.5 | 50.4 | 82.6 | 90.7 | 89.5 | 90.8 | 97.5 | 96.2 |

注：条件Ⅰ—780℃纯水蒸气；条件Ⅱ—800℃纯水蒸气；条件Ⅲ—800℃水蒸气-5%(体积)氧气混
合气。

条件Ⅰ和条件Ⅱ分别是在780℃和800℃下纯水蒸气气化焦炭，条件Ⅲ
采用800℃下水蒸气-5%(体积)氧气混合气对焦炭进行气化。在条件Ⅲ中添
加氧气，可以提高焦炭催化气化速率，另外部分焦炭与氧气的燃烧反应，又
可为气化反应供热。由表3-4可看出，在条件Ⅰ和条件Ⅱ下，CA-0和CA-1催
化剂所得的产品气以 $H_2$ 和 $CO_2$ 气体为主，其总的体积含量84.0%(体积)
[ $H_2$ 气体含量接近60.0%(体积)]，且 $H_2$/CO比约为4.1。而FCC催化剂的
产品气以 $H_2$ 和 CO 气体为主，其体积含量达到84.6%(体积)，而 $CO_2$ 体积
含量仅为11.3%(体积)，明显低于CA-0的23.5%(体积)。这主要是由于
CA-0和CA-1催化剂可提高水汽变换反应，从而 $H_2$ 和 $CO_2$ 含量显著增加。
在条件Ⅱ下，两种铝酸钙催化剂表面焦炭的转化率约90%，而FCC表面焦
炭转化率仅为82.6%。在条件Ⅰ下，CA-0催化剂的表面焦炭转化率为
82.5%，由此表明在焦炭转化率相近的情况下，相比FCC催化剂，CA-0催
化剂可有效降低积炭催化剂气化反应温度。在条件Ⅲ下，CA-0和CA-1催
化剂所得产品气中 $CO_2$ 含量从23.5%(体积)(条件Ⅰ)增加到31.0%(体
积)，这主要是由于部分燃烧。而 $CH_4$ 含量低于0.2%(体积)，明显低于
FCC催化剂的2.4%(体积)。这主要是由于在铝酸钙表面易 $CH_4$ 分解和甲
烷-水蒸气重整反应。在条件Ⅲ下，焦炭转化率达到97.0%，明显高于条件
Ⅰ和条件Ⅱ的焦炭转化率，这主要是由于氧气加入到气化反应系统中，可为
再生碱性催化剂提供氧源来维持催化活性稳定性，另外也可缩短催化剂的气
化反应时间。此外，相对于FCC催化剂，碱性剂在较低气化温度(780℃)下
仍具有FCC催化剂相当的焦炭气化转化率，这可能是由于焦炭大多聚集在催
化剂表面未进入孔道内，且焦炭紧实度不高(图3-2)，使得其催化气化反应活

性较高。由上述分析可知，催化剂表面焦炭不能完全气化转化，因而整个待生催化剂气化反应过程选用先气化后烧炭的方式，即首先通过使用气化剂气化掉大部分焦炭，随后残留焦炭再通过氧气燃烧除掉。此外，在相同的气化反应条件下，铝酸钙催化剂的气化反应性能明显优于 FCC 催化剂和石英砂。

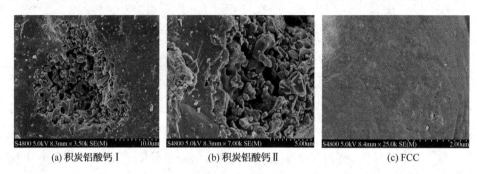

(a) 积炭铝酸钙 I          (b) 积炭铝酸钙 II          (c) FCC

图 3-2　积炭铝酸钙与 FCC 催化剂的 SEM 图像

### 3.2.2　待生催化剂裂解稳定性

表3-5列出了在反应温度为700℃时，不同再生次数的铝酸钙催化剂（仅选取 CA-0 催化剂）裂解减压渣油产物分布情况，铝酸钙催化剂气化反应条件选用纯水蒸气800℃条件下气化（条件 II）。相比于新鲜 CA-0 催化剂。再生催化剂裂解减压渣油活性略有降低，其表现出较高的液体收率（约69.0%）与 $C_2 \sim C_4$ 烯烃选择性（约64.0%）、略低的重油转化率，裂解液体收率高约1.5%。这可能是由于水蒸气气化反应过程中，铝酸钙催化剂的催化活性降低造成的。从裂解液体油分布来看，重油收率由 7.6% 增加到约9.5%，汽油收率略有降低，柴油和减压蜡油收率变化较小。由上述分析可知，经过多次裂解气化循环过程的铝酸钙催化剂，其催化裂解活性基本趋于稳定，且催化裂解活性适中。

表3-5　再生碱性催化剂裂解减压渣油产物分布

| 催化剂 | CA-0 | CA-0$^{R_1}$ | CA-0$^{R_2}$ | CA-0$^{R_3}$ |
|---|---|---|---|---|
| 气体收率/% | 26.8 | 25.6 | 25.8 | 25.3 |
| $H_2$+CO+$CO_2$/% | 1.0 | 0.8 | 0.9 | 0.9 |

continued 续表

| 催化剂 | CA-0 | CA-0$^{R_1}$ | CA-0$^{R_2}$ | CA-0$^{R_3}$ |
|---|---|---|---|---|
| CH$_4$/% | 2.4 | 2.5 | 2.2 | 2.4 |
| C$_2$H$_6$/% | 2.6 | 2.5 | 2.5 | 2.6 |
| C$_2$H$_4$/% | 9.2 | 9.3 | 9.5 | 9.0 |
| C$_3$H$_8$/% | 1.4 | 1.4 | 1.3 | 1.5 |
| C$_3$H$_6$/% | 6.3 | 6.0 | 5.9 | 6.2 |
| C$_4$H$_{10}$/% | 0.5 | 0.4 | 0.5 | 0.4 |
| C$_4$H$_8$/% | 1.3 | 1.1 | 1.2 | 1.0 |
| C$_5$ 以上/% | 2.0 | 1.6 | 1.8 | 1.3 |
| C$_2$~C$_4$ 烯烃选择性/% | 62.7 | 64.1 | 64.3 | 64.0 |
| 液体收率/% | 68.0 | 69.0 | 69.7 | 69.2 |
| 焦炭收率/% | 5.2 | 5.4 | 5.5 | 5.5 |
| 裂解液体油模拟蒸馏组成分布 | | | | |
| 汽油/% | 51.6 | 50.3 | 49.1 | 48.4 |
| 柴油/% | 29.2 | 29.5 | 29.6 | 29.8 |
| 减压蜡油/% | 11.6 | 11.2 | 11.4 | 12.0 |
| 重油/% | 7.6 | 9.0 | 9.9 | 9.8 |

注：气体收率及重油同表 3-1，此外，CA-0$^{R_1}$、CA-0$^{R_2}$、CA-0$^{R_3}$ 分别代表不同气化反应过程。

表 3-6 列出了石英砂以及铝酸钙（CA-0 和 CA-1）催化剂的碱特性表征结果（由于 FCC 催化剂没有碱度故未对其进行测试）。催化剂的碱特性主要通过 Hammett 指示剂法来确定。由表 3-6 可知，CA-0 和 CA-1 催化剂的碱强度均在 9.8<$H$≤15.0 的范围内，而石英砂的小于 3.3，因此 CA-0 和 CA-1 的碱度较强。此外两者的总碱量和总碱浓度相差不大（CA-0 稍高于 CA-1），这也表明两种催化剂的催化活性相近，但 CA-0 催化剂的裂解活性稍强于 CA-1 催化剂的。对于再生铝酸钙催化剂来说，其总碱量略有降低，具体体现在表 3-5 中铝酸钙催化剂的重油裂解活性略有降低。

表 3-6 选用催化剂的碱特性

| 催化剂 | 碱度[①]/$H_-$ | 总碱量[①]/(mmol/g) | 总碱浓度[②]/(μmol/m²) |
|---|---|---|---|
| 石英砂 | $H_- < 3.3$ | 0 | — |
| CA-0 | $9.8 < H_- < 15.0$ | 2.2 | 207.5 |
| CA-1 | $9.8 < H_- < 15.0$ | 1.6 | 188.2 |
| CA-0[R] | $9.8 < H_- < 15.0$ | 1.9 | 179.2 |
| CA-1[R] | $9.8 < H_- < 15.0$ | 1.4 | 164.7 |

① 碱度和总碱量均通过 Hammett 指示剂法测得;

② 总碱浓度=总碱量/比表面积。

由表 2-4 可知,选择的两种铝酸钙催化剂的比表面积较低,因此,其催化活性必定与其他因素相关,Bancquart 研究发现催化剂的催化活性与碱性强度(尤其是强碱位数量)成正比。由表 3-6 可知,铝酸钙催化剂的碱度较强,可在重油催化裂解过程中提供更多的碱性活性中心与重油发生接触反应。此外,在整个裂解反应过程中,进油速率较慢(2.0g/min),使得重油得到较好的雾化和气化。因此,重油可实现充分转化和提高重油转化率,获得尽可能多产轻质烯烃和轻质油等目标产品。

图 3-3 给出了新鲜与再生铝酸钙催化剂的 XRD 图谱对比情况。其中新鲜碱性催化剂(CA-0 和 CA-1)是工业铝酸钙催化剂,再生碱性催化剂(CA-0[R] 和 CA-1[R])是经过 3 次减压渣油催化裂解和气化循环过程。在催化剂气化过程,待生碱性催化剂先在 800℃下水蒸气气化 30min,然后再经过烧焦过程。从 XRD 图谱看出,循环再生前后两种铝酸钙催化剂的晶型结构基本上完全相同,只是特征峰强度略有减弱。由上述分析可知,铝酸钙催化剂在裂解与气化循环过程中具有较好的水热稳定性,这与图 3-2 图像一致。

通过对石英砂、FCC 催化剂以及铝酸钙催化剂进行重油裂解以及焦炭气化性能比较,发现铝酸钙催化剂具有较适宜的裂解活性,较低焦炭收率,较高焦炭气化转化率和 $H_2$ 收率,可满足工艺多产轻质烯烃、轻质油以及富 $H_2$ 合成气等目标产物。

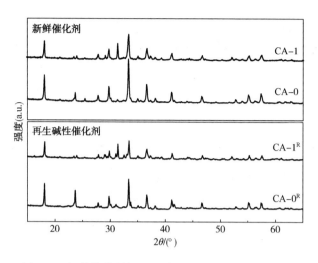

图 3-3　新鲜催化剂与再生碱性催化剂 XRD 图谱对比

## 3.3　重油催化裂解条件及铝酸钙催化剂钙/铝比优选

通过对三种不同类型催化剂的重油裂解气化性能的对比可知，碱性催化剂（铝酸钙）较适宜作为耦合工艺的双功能催化剂，可获得较多轻质烯烃和轻质油产品。因此，本部分研究选用工业铝酸钙催化剂对重油裂解气化性能进行研究，主要考察裂解反应温度、水/油质量比、剂/油质量比等因素对气体产物中烯烃收率及选择性的影响，从而得到最优裂解反应条件；另外，在最优反应条件基础上对不同钙/铝比催化剂的重油裂解-气化性能进行考察，得到性能最优的催化剂钙/铝比。

### 3.3.1　重油催化裂解条件优选

（1）催化剂表征

① FT-IR 表征

载体 $Al_2O_3$ 和碱性催化剂（CA-0）的红外谱图表征如图 3-4 所示。

由图 3-4 可知，载体 $Al_2O_3$ 和 CA-0 催化剂在 $3432cm^{-1}$ 处较强的吸收峰为羟基的伸缩振动吸收峰，这可能是自由水 O—H 键和结构性羟基的氢键，在

$1621cm^{-1}$附近出现一个较弱的 O—H 弯曲振动峰，可能是由于压片过程中样品或 KBr 存在物理吸附水的缘故，而在 CA-0 的红外谱图这两个位置的特征吸收峰明显减弱。在 CA-0 和 $Al_2O_3$ 的红外谱图在 $2300cm^{-1}$ 处均发现一个羰基特征吸收峰，这可能是由于压片过程中吸附空气中 $CO_2$ 的缘故。CA-0 的红外谱图在 $1050cm^{-1}$ 和 $580cm^{-1}$ 附近出现特征吸收峰为 Al—O 的伸缩振动峰；在 $840cm^{-1}$ 处出现一个较宽的吸收峰为铝酸钙的特征吸收峰，在 $450cm^{-1}$ 处出现一个尖峰为 Ca—O 基团的伸缩振动峰，由此表明，铝酸钙催化剂的生成。

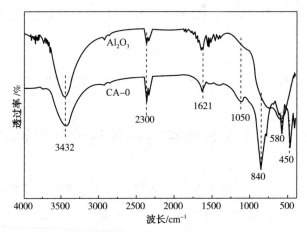

图 3-4 载体 $Al_2O_3$ 和 CA-0 催化剂红外表征

② XRD 表征

载体 $Al_2O_3$ 和碱性催化剂(CA-0)的 XRD 谱图如图 3-5 所示。由图可知，载体 $Al_2O_3$ 的结晶度不高，且衍射峰强度较弱，而碱性催化剂(CA-0)的衍射峰强度较强，且结晶度较好。通过对 XRD 图谱中的衍射峰进行物相分析可知，其主要结构形态为 $Ca_{12}Al_{14}O_{33}$，由此表明铝酸钙催化剂的形成，这与 FT-IR 谱图相对应。同时在 31.4° 和 42.4° 处观察到少量特征衍射峰，通过物相分析可知是 $Ca_2Al_2SiO_7$ 的特征衍射峰，这可能是由于少量制备过程中 $SiO_2$ 混入原料混合物造成的。

（2）重油催化裂解反应

① 反应温度对烯烃收率和选择性的影响

CA-0 系列碱性催化剂可提供重油催化裂解反应所需的初始自由基，在

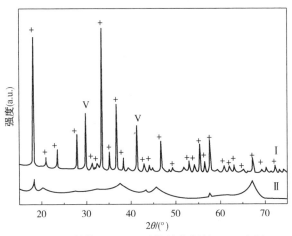

图 3-5 载体 $Al_2O_3$ 和碱性催化剂的 XRD 表征

注：Ⅰ—$Al_2O_3$；Ⅱ—CA-0；+—$Ca_{12}Al_{14}O_{33}$；V—$Ca_2Al_2SiO_7$

高温催化裂解过程中，自由基反应占主导地位。因此，裂解反应温度的变化可显著影响重油催化裂解反应。本部分采用剂/油质量比和水/油质量比分别为 7.0 和 1.0，考察反应温度为 600~750℃时对裂解气体产物中烯烃收率和选择性的影响规律，具体变化规律如图 3-6 所示。

由图 3-6 可知，各烯烃的收率和选择性呈现不同规律。乙烯产品收率和选择性随反应温度的增加而逐渐增加，在 600℃时乙烯产品收率和选择性只有 6.2% 和 39.4%，当反应温度升高到 750℃时乙烯产品收率和选择性分别增加到 18.2% 和 47.4%。丙烯和丁烯产品收率则呈现出先增后减的趋势，在 700℃左右时达到最佳，此时的丙烯和丁烯产品收率分别为 3.2% 和 1.5%。总烯烃收率增加，而气体选择性呈现先增加后减小的趋势。

从热力学上分析，减压渣油的裂解为吸热反应。因此，提高裂解反应温度，各烯烃的收率应呈现逐渐增加的趋势。但由图 3-6 可知，随着裂解反应温度的升高，只有乙烯产品收率和选择性符合上述分析，丙烯和丁烯产品收率呈现先增大后减小的趋势，而选择性则呈现逐渐减小的趋势。这可能是由于渣油裂解过程主要包括热裂解反应和催化裂解反应，其中乙烯产品主要来自热裂解反应，是自由基链反应的产物，而丙烯和丁烯产品主要来自催化裂解反应，是碳正离子链反应的产物。在较低反应温度下，重油裂解反应以催化裂解反应为主,同时副反应较弱。因此,所有烯烃产品的收率会随着温度的升高而增加。而逐渐升高裂解反应温度,热裂解反应逐渐增强且占主导地位,由于丙烯和丁烯不是分子量最小的烯烃,会进一步发生裂解反应生成乙烯,此时其收率和选择性呈现出下降的趋势。因此,丙烯和丁烯产品收率存在一个最大值。

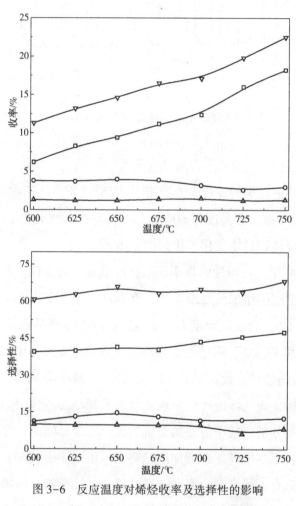

图 3-6　反应温度对烯烃收率及选择性的影响

注:□—$C_2H_4$; ◇—$C_3H_6$; ▲—$C_4H_8$; ▽—总烯烃

② 水/油质量比对烯烃收率和选择性的影响

适当增加油气停留时间可以促进减压渣油与碱性催化剂充分接触,进而提高渣油裂解反应深度,实验过程中裂解产生的油气停留时间主要是通过改变水/油质量比来实现(具体停留时间如表 3-7 所示)。研究采用剂/油质量比为 7.0,裂解反应温度为 700℃,考察水/油质量比为 0.5~2 时对气体产物中轻质烯烃收率和选择性影响规律,具体变化规律如图 3-7 所示。

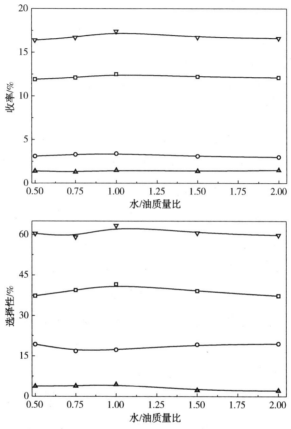

图 3-7　水/油质量比对烯烃收率和选择性的影响

注:□—$C_2H_4$;◇—$C_3H_6$;▲—$C_4H_8$;▽—总烯烃

表 3-7　水油比对油气停留时间的影响

| 水油比 | 0.5 | 0.75 | 1.0 | 1.5 | 2.0 |
| --- | --- | --- | --- | --- | --- |
| 油气停留时间/s | 0.45 | 0.39 | 0.33 | 0.27 | 0.21 |

由图 3-7 可知,随着水/油质量比的增加,各烯烃及总烯烃收率均呈现先增加后减小的趋势。当水/油质量比在 1.0 附近时,总烯烃收率和选择性具有最大值,分别为 17.4%和 62.4%,乙烯产品收率和选择性分别为 12.5%

和40.6%。从化学平衡来看，重油催化裂解是一个分子数增加的反应，这可能是由于水/油质量比较小时，对反应体系内的烃分压影响不大（水蒸气对反应体系具有稀释作用，可降低反应体系内的烃分压），油气在反应器内的停留时间较长，裂解反应深度增加，因而烯烃收率较高。当水/油质量比继续增大时，反应体系内的烃分压逐渐降低，油气在反应器内的停留时间相对缩短，裂解反应深度降低，故所得的烯烃产品收率逐渐下降，进一步增大水/油质量比，虽然水蒸气具有抑制催化剂表面结焦、促进烃类在催化剂上的裂解反应的作用，但过大的水/油质量比反而不利于裂解反应的进行，油气在反应器内的停留时间明显缩短，裂解反应深度降低，进而使烃类收率降低。另外各烯烃和总烯烃的选择性变化不大，随着水/油质量比的增大，各烯烃的选择性略有提高，总烯烃的选择性在60%左右。因此，水/油质量比高低选择很重要，当水/油质量比过低，烯烃收率和选择性都不高；反之，水/油质量比过高，反而会抑制裂解反应的进行，从而降低烯烃收率。

③ 剂/油质量比对烯烃收率和选择性的影响

剂/油质量比也是影响产物分布的重要因素。采用反应温度为700℃，水/油质量比为1.0，保持催化剂装载量一定，通过改变进油量来调节剂/油质量比。考察剂/油质量比为4~12时对渣油催化裂解气体产物中烯烃收率和选择性的影响规律，如图3-8所示。

由图3-8可知，随着剂/油质量比逐渐增加，乙烯和总烯烃产品收率呈现逐渐增加的趋势，而丙烯和丁烯产品收率呈现先增加后减少的趋势。这可能是由于随着剂/油质量比的增加，促进了减压渣油的催化裂解反应和热裂解反应的进行，增加了催化剂与油气接触机会，故总烯烃和乙烯产品收率有所提高。而丙烯和丁烯是催化裂解反应的产物，因此，必须在催化剂的酸性活性中心上进行，由碱度测试可知，所用碱性催化剂的碱度和总碱量达到 $9.8 < H_- < 15.0$ 和 $2.2mmol/g$，碱性较强，由此推断该催化剂的酸性活性中心较少。此时减压渣油的裂解过程主要遵循自由基反应机理，生成更多的小分子烯烃（乙烯），因而乙烯和总烯烃收率呈现逐渐增加的趋势。而各烯烃和总烯烃的选择性呈现出先增加后减小，最终达到较平衡状态。这可能是由于

烯烃选择性的变化是由催化剂催化性能和脱氢性能共同作用的结果。裂解气中烯烃浓度增加，相邻烯烃分子更加接近，脱氢反应得以促进，烯烃的选择性降低，直至到达平衡状态。

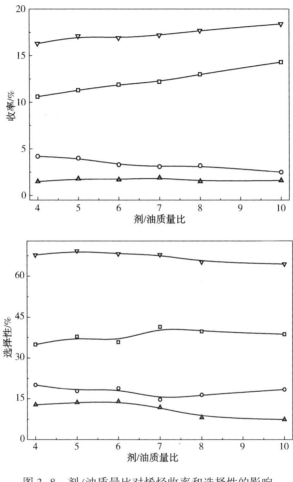

图 3-8　剂/油质量比对烯烃收率和选择性的影响

注：□—$C_2H_4$；◇—$C_3H_6$；▲—$C_4H_8$；▽—总烯烃

### 3.3.2　铝酸钙催化剂钙/铝比优选

本部分采用固相合成法制备不同钙/铝比[$n(CaO)/n(Al_2O_3)=1:2$、$1:1$、$12:7$、$3:1$]的铝酸钙催化剂，并将其分别命名为 CaAl-0.5、CaAl-1.0、CaAl-1.7、CaAl-3.0。首先通过表征手段对合成的不同钙/铝比的铝酸钙催化剂的结构性能进行表征，然后再通过对重油裂解-气化性能的对比，进而获得最优铝酸钙催化剂的钙/铝比。

（1）催化剂表征

① FT-IR 表征

图 3-9 为不同 $n(CaO)/n(Al_2O_3)$ 碱性催化剂 FT-IR 谱图。由图 3-9 可知，所有碱性催化剂在 3432cm$^{-1}$ 处均出现一个较强的特征吸收峰为羟基的伸缩振动峰，这可能是自由水 O—H 键和结构性羟基的氢键，在 1621cm$^{-1}$ 附近出现一个较弱的羟基弯曲振动峰，这可能是由于样品或 KBr 存在物理吸附水的缘故。$n(CaO)/n(Al_2O_3)$ 为 1.7 和 1.0 时，在 1050cm$^{-1}$ 和 580cm$^{-1}$ 附近出现特征峰为 Al—O 的伸缩振动峰；在 840cm$^{-1}$ 处出现一个较宽的吸收峰为铝酸钙的特征峰，在 450cm$^{-1}$ 处出现一个尖峰为 Ca—O 基团的伸缩振动峰，由此表明，铝酸钙（$Ca_{12}Al_{14}O_{33}$）催化剂的生成。但在 $n(CaO)/n(Al_2O_3) = 3.0$ 和 0.5 时未观察到上述特征峰，因此，在 $n(CaO)/n(Al_2O_3)$ 过高或过低均不易生成铝酸钙（$Ca_{12}Al_{14}O_{33}$）催化剂。

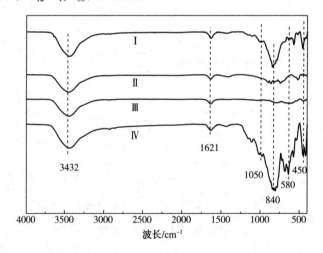

图 3-9　不同 $n(CaO)/n(Al_2O_3)$ 催化剂的 FTIR 谱图

注：Ⅰ—CaAl-1.0；Ⅱ—CaAl-3.0；Ⅲ—CaAl-0.5；Ⅳ—CaAl-1.7

② 碱强度和总碱量

通过 BET 测试，CaAl-1.7 的比表面积仅为 2.52m$^2$/g，而其他比例的铝酸钙催化剂均未测出比表面积，这也表明铝酸钙催化剂不像 FCC 催化剂可提供较高的裂解反应场所(较高的比表面积)，因此，其催化裂解活性与碱度成正比。采用 Hammett 指示剂沃测定不同钙/铝比铝酸钙催化剂的碱度和总碱量如表 3-8 所示。由表可知，所有碱性催化剂的碱度均为 $15.0<H_-<18.4$，碱性较强；碱性催化剂的总碱量随着 $n(CaO)/n(Al_2O_3)$ 提高而逐渐增大，由 $n(CaO)/n(Al_2O_3)=1.6mmol/g$ 提高到 $n(CaO)/n(Al_2O_3)=7.2mmol/g$。因此，铝酸钙催化剂总碱量可通过改变 $n(CaO)/n(Al_2O_3)$ 来实现，而不同 $n(CaO)/n(Al_2O_3)$ 碱性催化剂可展现出不同的重油裂解气化性能。

表 3-8　碱性催化剂的碱强度和总碱量

| $n(CaO)/n(Al_2O_3)$ | 碱度/$H_-$ | 总碱量/(mmol/g) |
| --- | --- | --- |
| 0.5 | $15.0<H_-<18.4$ | 1.6 |
| 1.0 | $15.0<H_-<18.4$ | 3.2 |
| 1.7 | $15.0<H_-<18.4$ | 4.4 |
| 3.0 | $15.0<H_-<18.4$ | 7.2 |

③ XRD 表征

图 3-10 为不同 $n(CaO)/n(Al_2O_3)$ 碱性催化剂的 XRD 谱图。由图 3-10 可知，碱性催化剂的衍射峰强度较强，结晶度较好。通过对 $n(CaO)/n(Al_2O_3)=1.0$ 和 1.7 的谱图分析可知，催化剂的主要结构形态为 $Ca_{12}Al_{14}O_{33}$，同时在 $n(CaO)/n(Al_2O_3)=1.0$ 还观察到一定量的 $CaAl_2O_4$ 晶体结构；对 $n(CaO)/n(Al_2O_3)=3.0$ 的 XRD 谱图分析可知，催化剂的主要结构形态为 $Ca_3Al_2O_9$ 和 $Ca_{12}Al_{14}O_{33}$；在 $n(CaO)/n(Al_2O_3)=0.5$ 时，催化剂结构形态为 $CaAl_4O_7$。这主要是由于 $n(CaO)/n(Al_2O_3)=0.5$ 和 3.0 时形成 $Ca_{12}Al_{14}O_{33}$ 晶体所需吉布斯能相对较高，而形成 $Ca_3Al_2O_6$ 和 $CaAl_4O_7$ 晶体所需吉布斯能较低；而在 $n(CaO)/n(Al_2O_3)=1.7$ 和 1.0 时生成 $Ca_{12}Al_{14}O_{33}$ 晶体所需吉布斯能相对较低。此外研究发现 $CaAl_4O_7$ 的碱特性低于 $CaAl_2O_4$ 的碱特性，由此可推断 $CaAl_2O_4$ 的碱特性低于 $Ca_{12}Al_{14}O_{33}$ 和 $Ca_3Al_2O_9$ 的碱特性。因此，碱性催化剂碱特性从低到高的顺序为 CaAl-0.5、CaAl-1.0、CaAl-1.7 和 CaAl-3.0，与 Hammett 指示剂法测定结果吻合。

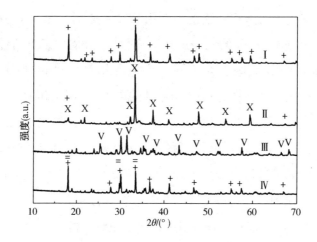

图 3-10　不同 $n(CaO)/n(Al_2O_3)$ 催化剂的 XRD 谱图

注：Ⅰ—CaAl-1.7；Ⅱ—CaAl-3.0；Ⅲ—CaAl-0.5；Ⅳ—CaAl-1.0；

+—$Ca_{12}Al_{14}O_{33}$；=—$CaAl_2O_4$；V—$CaAl_4O_7$；X—$Ca_3Al_2O_6$

（2）重油催化裂解及气化性能

采用反应温度 700℃，水/油质量比 1.0，剂/油质量比 7.0 等裂解反应条件，对重油催化裂解三相组成、液体油组成、烯烃（烷烃）收率及选择性等因素进行研究。

① 三相组成

图 3-11 为不同 $n(CaO)/n(Al_2O_3)$ 碱性对三相组成的影响。由图 3-11 可知，裂解气收率随着 $n(CaO)/n(Al_2O_3)$ 增加呈现逐渐增加的趋势，而裂解液收率呈现逐渐减小的趋势。对于催化剂表面积炭来说，当 $n(CaO)/n(Al_2O_3)=0.5$ 和 3.0 时，分别为 5.2% 和 5.9%；而当 $n(CaO)/n(Al_2O_3)=1.0$ 和 1.7 时积炭相对较低，分别为 4.8% 和 4.5%。可能是由于随着催化剂 $n(CaO)/n(Al_2O_3)$ 的逐渐增加，促使催化剂表面氧碱性催化活性位的数量逐渐增加，这些活性位可有效降低裂解反应活化能，使烃类裂解反应更易进行。但当 $n(CaO)/n(Al_2O_3)=3.0$ 时由于催化活性过强，可能造成重油过度裂解，使得裂解气和焦炭收率较高。而当 $n(CaO)/n(Al_2O_3)=0.5$ 时焦炭收率较高，这可能是由于催化剂碱性催化活性位较少，不能显著提高积炭的水煤气变换反应造成的。

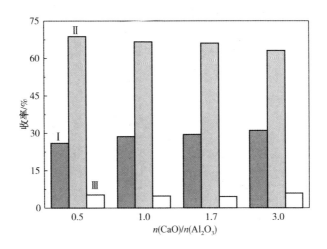

图 3-11 不同 $n(CaO)/n(Al_2O_3)$ 催化剂对三相组成的影响

注：Ⅰ—气体；Ⅱ—液体；Ⅲ—焦炭

② 裂解液体油组成

图 3-12 为不同 $n(CaO)/n(Al_2O_3)$ 碱性催化剂对液体油组成的影响。由图 3-12 可知，在 $n(CaO)/n(Al_2O_3)$ = 3.0 和 1.7 时，汽油收率分别为 71.0% 和 62.0%，VGO 和重油收率（约 7.5%），而在 $n(CaO)/n(Al_2O_3)$ = 0.5 和 1.0 时，汽油收率分别降低到 50% 和 55%，VGO 和重油收率提高到约 14.5%，柴油收率变化不大，可能由于 $n(CaO)/n(Al_2O_3)$ = 1.0 和 0.5 的碱性催化活性位相对 $n(CaO)/n(Al_2O_3)$ = 3.0 和 1.7 的明显较少，进而裂解性能降低，重油转化率降低。同时 $n(CaO)/n(Al_2O_3)$ = 3.0 裂解液体油中汽、柴油总收率达到 94.0%（汽油收率为 71.0%）。这可能是由于 $n(CaO)/n(Al_2O_3)$ = 3.0 催化剂催化活性过强，易造成过度裂解，进而使得裂解液体油中汽油含量过高，焦炭收率较高。因此，当催化剂总碱量过低时，催化剂的裂解性能和重油转化率较低，造成裂解液中重油和 VGO 含量较高；反之，又易造成重油过度裂解。

③ 对烯烃收率和选择性的影响

图 3-13 为不同 $n(CaO)/n(Al_2O_3)$ 碱性催化剂对烯烃收率和选择性的影响。由图 3-13 可知，乙烯和总烯烃产品收率从 $n(CaO)/n(Al_2O_3)$ = 0.5 的

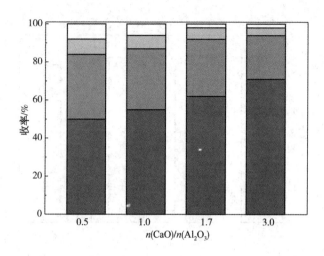

图 3-12 不同 $n(CaO)/n(Al_2O_3)$ 催化剂对裂解液组成的影响

注：从下到上依次为汽油、柴油、减压蜡油、重油

13.5% 和 19.5% 增至 $n(CaO)/n(Al_2O_3)$ = 3.0 的 17.3% 和 23.8%；丙烯和丁烯收率呈现逐渐减小的趋势。这可能是由于碱性催化剂的碱性逐渐增强，由于丙烯、丁烯不是最小分子的烯烃，会进一步激发生裂解反应，生成更多的小分子烯烃(乙烯)。碱性催化剂表面具有活性氧 $[O]_{(S)}$ 催化活性位，可实现活化烃类分子中 C—H 键形成裂解反应初始自由基：

$$[O]_{(S)} + C_nH_{2n+2} \longrightarrow [OH]_{(S)} + C_nH_{2n+1}^{\bullet}$$

随后 $C_nH_{2n+1}^{\bullet}$ 自由基又与邻近的活性氧 $[O]_{(S)}$ 活性位反应生成烯烃分子。

$$C_nH_{2n+1}^{\bullet} + [O]_{(S)} \longrightarrow [OH]_{(S)} + C_nH_{2n}$$

由上述分析可知，碱性催化剂裂解重油主要遵循自由基机理，并且氢转移活性很弱，因此，碱性催化剂可促进烃类脱氢作用和抑制氢转移活性，生成更多的轻质烯烃分子。因而裂解气中乙烯收率明显高于丙烯和丁烯收率。烯烃选择性的变化是催化和脱氢反应共同作用的结果，且当 $n(CaO)/n(Al_2O_3)$ = 1.7 和 3.0 时烯烃选择性较高，这可能是由于在 $n(CaO)/n(Al_2O_3)$ = 1.7 和 3.0 时，碱性催化剂的催化和脱氢反应性能较好；而 $n(CaO)/n(Al_2O_3)$ = 3.0 时液收较 $n(CaO)/n(Al_2O_3)$ = 1.7 的明显降低，且裂解气中乙烯收率明显增高(达到 14.0%)。由此表明，$n(CaO)/n(Al_2O_3)$ = 3.0 时催化裂解活性相对较强，因而可能会造成重质油(减压渣油)的过度裂解。

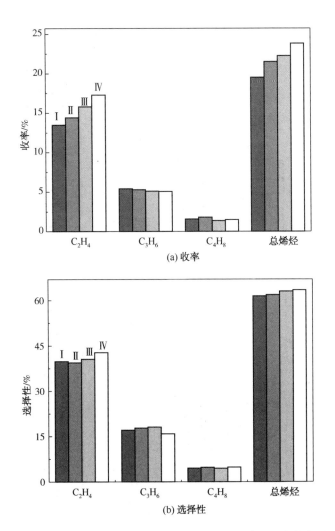

图 3-13　不同 $n(CaO)/n(Al_2O_3)$ 催化剂对烯烃收率和选择性的影响

注：Ⅰ—$n(CaO)/n(Al_2O_3)$ = 0.5；Ⅱ—$n(CaO)/n(Al_2O_3)$ = 1.0；

Ⅲ—$n(CaO)/n(Al_2O_3)$ = 1.7；Ⅳ—$n(CaO)/n(Al_2O_3)$ = 3.0

④ 对烷烃收率和选择性的影响

不同钙/铝比碱性催化剂对裂解气中烷烃收率和选择性的影响规律如图 3-14 所示。

由图 3-14 可知，相比烯烃收率来说，裂解气中烷烃收率较低，并且变化量不大。在不同 $n(CaO)/n(Al_2O_3)$ 下，裂解气中甲烷收率约占 2.0%，而

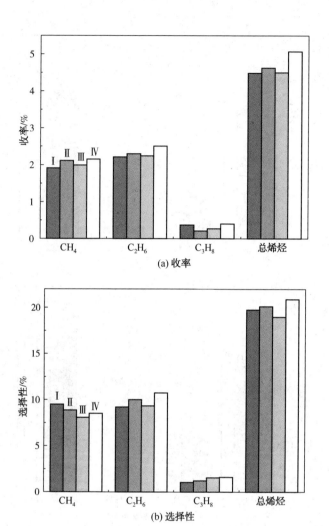

图 3-14 不同 $n(CaO)/n(Al_2O_3)$ 催化剂对烷烃收率和选择性的影响

注: I—$n(CaO)/n(Al_2O_3)$ = 0.5; II—$n(CaO)/n(Al_2O_3)$ = 1.0;

III—$n(CaO)/n(Al_2O_3)$ = 1.7; IV—$n(CaO)/n(Al_2O_3)$ = 3.0

乙烷收率在 2.0%~3.0%, 在 $n(CaO)/n(Al_2O_3)$ = 3.0 时乙烷收率最高, 达到约 2.7%; 丙烷收率最低, 仅为约 0.5%; 总烷烃收率随着钙/铝比的增大呈现先减小后增大的趋势, 在 $n(CaO)/n(Al_2O_3)$ = 3:1 时达到较高的 5.3%。这可能是由于碱性催化剂具有较高的烷烃脱氢性能, 进而裂解气中的烷烃收率较低, 烯烃收率较高。对于不同 $n(CaO)/n(Al_2O_3)$ 的烷烃选择性来说，甲烷选择性在 $n(CaO)/n(Al_2O_3)=0.5$ 较高，达到10.7%；乙烷选择性随着 Ca/Al 比的增加呈现先增大后减小再增大的趋势，在 $n(CaO)/n(Al_2O_3)=3.0$ 时达到最大值10.7%；丙烷选择性较低，仅为1.5%左右。烷烃总选择性呈现先减小后增加的趋势，在 $n(CaO)/n(Al_2O_3)=1.7$ 时总烷烃选择性最低（19.0%左右）。由此表明，催化剂在 $n(CaO)/n(Al_2O_3)=1.7$ 时，可有效降低裂解气中烷烃收率。因此，综合三相组成、裂解液体油产品及裂解气（烷烃和烯烃产品收率）组成等因素，认为碱性催化剂在 $n(CaO)/n(Al_2O_3)=1.7$ 时重油催化裂解性能达到相对最优。

⑤ 碱性待生剂气化性能

通过研究发现，催化剂中加入碱（土）金属可加快气化速率和降低气化温度。而催化剂表面积炭易造成裂解催化剂失活或降低催化性能（催化活性中心减少或堵塞孔道）。因此，碱性待生催化剂气化性能是一个研究重点，其决定着整个重油催化裂解-气化耦合工艺的合理性、先进性和经济性。本部分主要考察不同碱度铝酸钙催化剂表面焦炭转化率及产品气组成的影响（催化剂表面总积炭含量相同），本研究采用反应温度为800℃，5%（体积）$O_2$-$H_2O$ 混合气为气化剂，反应时间为30min 等最优条件（详细气化反应条件优化介绍于第6章），产品气组成及转化率变化规律如图3-15所示。

由图3-15可知，碱性催化剂的 $n(CaO)/n(Al_2O_3)$ 从0.5增至3.0过程中，$H_2$ 和 CO 收率及焦炭转化率逐渐增大，$CO_2$ 收率逐渐减少，$CH_4$ 产品收率相对较低［低于0.2%（体积）］。这可能是由于积炭催化剂从 $n(CaO)/n(Al_2O_3)=0.5$ 增至3.0时，催化剂碱性逐渐增强，促进了焦炭与 $CO_2$ 反应及水煤气气化反应，进而 $CO_2$ 收率逐渐减小，$H_2$ 和 CO 收率及积炭转化率逐渐增大。由于气化反应温度为800℃时蒸汽重整反应强于甲烷化反应，且甲烷易发生分解反应，不利于甲烷的生成，因而产品气中 $CH_4$ 收率相对较低。另外，产品气中 $CO_2$ 和 $H_2$ 总收率达到87%（体积），由此说明在碱性催化条件下，焦炭催化气化产物以 $CO_2$ 和 $H_2$ 为主。其中 $H_2$ 收率达到55.0%~58.4%（体积），这使得产品气中 $H_2/CO$ 比较高（约5.5），由此表明，待生碱性催化剂水蒸气气化适用于制备富氢合成气。

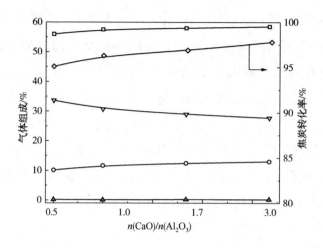

图 3-15　碱性待生催化剂产品气体组成和转化率

注：□—$H_2$；▽—$CO_2$；○—CO；▲—$CH_4$

## 3.4　本章小结

通过对石英砂、FCC 催化剂以及铝酸钙催化剂进行重油裂解以及焦炭催化气化性能比较，发现铝酸钙在较高的裂解温度下，具有较适中的催化裂解活性和较高的重油转化率，且可达到多产轻质烯烃和轻质液体油产品。在焦炭催化气化过程，铝酸钙催化剂气化焦炭不仅可获得高的炭转化率，还可联产富氢合成气和再生催化剂。因此，在重油催化裂解-气化耦合工艺中选用铝酸钙催化剂作为裂解-气化双功能催化剂较适宜。

采用工业铝酸钙催化剂（CA-0）对减压渣油进行催化裂解气化性能研究，结果表明：反应温度为 700℃，水/油质量比为 1.0，剂油质量比为 7.0，重质油催化裂解性能相对最优。裂解气中轻质烯烃收率较高（干气收率增加），这可能由于碱性催化剂可提供初始裂解反应活性中心，从而降低重油裂解反应活化能，促进烷烃脱氢多产轻质烯烃和抑制氢转移活性，进而获得较高的轻质烯烃收率。

通过固相法合成不同 $n(CaO)/n(Al_2O_3)$ 的碱性催化剂，同时考察其重油催化裂解-气化反应性能。研究发现随着 $n(CaO)/n(Al_2O_3)$ 的增加烯烃收率逐渐增加，且碱性催化剂在 $n(\mathrm{CaO})/n(\mathrm{Al_2O_3})=1.7$ 时催化裂解性能最优。此时，总烯烃和焦炭收率分别为 18.9% 和 4.5%，且裂解液体油产品主要由汽油和柴油馏分组成。对于催化剂表面焦炭催化气化米说，随着 $n(\mathrm{CaO})/n(\mathrm{Al_2O_3})=0.5$ 增至 $n(\mathrm{CaO})/n(\mathrm{Al_2O_3})=3.0$，催化剂表面焦炭转化率逐渐增大，且气化气以 $CO_2$ 和 $H_2$ 气体为主，$H_2/CO$ 比较高(约 5.5)。因此，待生碱性催化剂气化适宜用于制备富氢合成气。

# 4

#### ▶▶▶ 铝酸钙催化剂比表面积调控及其重油裂解气化性能

铝酸钙材料具有高的反应活性、稳定性以及导电性等性能，被广泛用于催化、吸附、氧离子导体、耐火材料等领域。传统固相合成法，主要采用 CaO（或 $CaCO_3$）和 $Al_2O_3$ 为原料，煅烧温度为 1400℃ 左右合成铝酸钙催化剂，由于采用较高的煅烧温度，因而制备铝酸钙催化剂的比表面积相对较小（$<2.0m^2/g$）。此外，如溶胶-凝胶法、共沉淀法、浸渍法等合成方法被开发期望制备大比表面积铝酸钙催化剂，但这些合成方法制备工艺复杂，周期长且催化剂强度过低。因此，通过一种简单、温和且快捷的方法制备大比表面积铝酸钙催化剂，必将成为研究的主要方向。

本章主要通过制备方法较为简单的固相合成法，具体实施方案为：通过采用与一定量的模板剂（CTAB、炭黑、淀粉、四丁基氯化铵）机械混合，或者不同的原料 [ CaO（或 $CaCO_3$）和 $Al_2O_3$ ] 与模板剂混合以及不同煅烧温度等因素制备铝酸钙催化剂，并对制备的铝酸钙催化剂进行表征，以确定较适宜的制备原料，最后对不同比表面积以及经过水热处理的铝酸钙催化剂进行重油裂解气化性能研究。

## 4.1 不同模板剂的影响

本节主要考察不同模板剂(CTAB、炭黑、淀粉、四丁基氯化铵)制备铝酸钙催化剂比表面积以及孔道结构的影响。合成铝酸钙的原材料为 CaO 与 $Al_2O_3$,不同的模板剂为(CTAB、炭黑、淀粉、四丁基氯化铵等)。具体制备过程:首先将上述模板剂(含量 5.0%)分别与铝酸钙晶粉和 CaO 与 $Al_2O_3$ 混合物 $[n(CaO)/n(Al_2O_3)=12:7]$ 通过粉碎机搅拌均匀5min(3000r/min),最后将混合均匀的混合物放入气氛保护炉内 1350℃条件下煅烧,然后再在 800℃水蒸气条件下除掉残留炭模板剂,从而得到不同模板剂制备铝酸钙催化剂。

### 4.1.1 催化剂表征

(1) FT-IR 表征

图 4-1 为不同模板剂(炭黑、CTAB、淀粉、四丁基氯化铵)制备碱性催化剂的 FT-IR 谱图。由图 4-1 可知,在谱图 3432$cm^{-1}$ 处可观察到一个 O—H 伸缩振动特征吸收峰,在 1621$cm^{-1}$ 处可观察到一个 O—H 弯曲振动特征吸收峰,这两个特征吸收峰是由于压片时 KBr 中含有水分或吸附空气中水汽所导致的。此外,在谱图 1050$cm^{-1}$ 和 580$cm^{-1}$ 处可观察到一个 Al—O 伸缩振动特征吸收峰,在 450$cm^{-1}$ 处可观察到一个 Ca—O 伸缩振动特征吸收峰。在 840$cm^{-1}$ 处的特征峰为铝酸钙的特征吸收峰。通过上述分析可知,在碱性催化剂制备过程中添加不同类型的模板剂,不会对制备的碱性催化剂的晶体形成及晶体结构形态造成影响,但不同类型模板剂制备的碱性催化剂的红外特征吸收峰强度不同,添加模板剂炭黑制备铝酸钙催化剂的红外特征峰强度最强。

(2) XRD 表征

不同模板剂制备的碱性(铝酸钙)催化剂的 XRD 谱图如图 4-2 所示。由图可知,在所有碱性催化剂的 XRD 谱图中,在衍射角为 18.1°、23.5°、27.8°、35.1°、36.6°、41.1°、41.2°、43.6°、44°、51.7°、56.3°、60.7°、63°、67.1°和70°时均发现铝酸钙晶体的特征吸收峰,这些特征衍射峰与粉

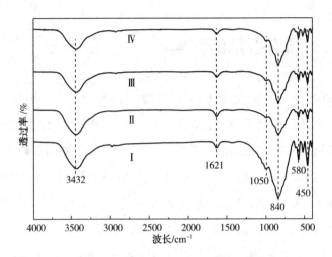

图 4-1　不同模板剂制备催化剂的红外谱图

注：Ⅰ—炭黑；Ⅱ—CTAB；Ⅲ—淀粉；Ⅳ—四丁基氯化铵

末衍射卡片中的 $Ca_{12}Al_{14}O_{33}$ 化合物的特征衍射峰相匹配。由此可以断定制备的碱性催化剂中各元素 Ca/Al/O 的比例为 12/14/33。此外，在衍射角为 13°、17.5°、21°、24.1°、26.8°、29.8°、37.8°、44.4°、47.7°、54.1°、61.8°、64° 和 69.1° 时也观察到一些特征衍射峰，这些特征衍射峰与粉末衍射卡片中 $Ca_9Al_6O_{18}$ 化合物的特征衍射峰相匹配。由上述分析可知，添加不同类型的模板剂对制备催化剂的晶体结构产生影响，这与 FT-IR 分析一致。

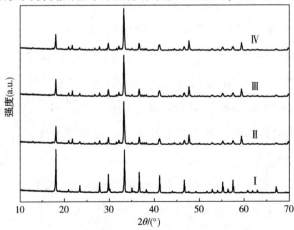

图 4-2　不同模板剂制备催化剂的 XRD 谱图

注：Ⅰ—炭黑；Ⅱ—CTAB；Ⅲ—淀粉；Ⅳ—四丁基氯化铵

（3）BET 表征

表 4-1 为四种模板剂制备的铝酸钙催化剂的结构特性，由表 4-1 可知，铝酸钙催化剂的比表面积和孔道结构各不相同。其中添加炭黑的催化剂比表面积最高，达到 $15.7m^2/g$，而添加 CTAB、淀粉和四丁基氯化铵的比表面积分别为 $11.3m^2/g$、$9.83m^2/g$ 和 $7.65m^2/g$，略低于添加炭黑作为模板剂的；另外，铝酸钙催化剂的中孔比表面积同样呈现出逐渐降低的趋势，在炭黑作为模板剂时最高，这可能是由于炭黑属于硬模板剂不发生分解反应，且稳定性较好，而淀粉、CTAB 和四丁基氯化铵在煅烧过程中会发生分解反应，造成催化剂煅烧过程中不能较好的保护分解残留的炭，因而这三种模板剂制备的铝酸钙催化剂的比表面积及中孔比表面积较炭黑的低。四种铝酸钙催化剂的总孔容体积不大，均低于 $0.05cm^3/g$；四种铝酸钙催化剂的平均孔径在 9.5nm 左右，由此判断所制备铝酸钙催化剂主要以介孔结构为主，且含有一定量的微孔结构。

表 4-1　铝酸钙催化剂性质

| 模板剂 | 比表面积/（m²/g） | 介孔比表面/（m²/g） | 总孔容/（cm³/g） | 孔径/nm |
|---|---|---|---|---|
| 炭黑 | 15.7 | 9.64 | 0.03 | 9.26 |
| CTAB | 11.3 | 8.72 | 0.01 | 8.76 |
| 淀粉 | 9.83 | 5.72 | 0.04 | 10.2 |
| 四丁基氯化铵 | 7.65 | 4.01 | 0.02 | 10.5 |

（4）催化剂碱特性表征

四种模板剂制备的铝酸钙催化剂采用指示剂法测定铝酸钙催化剂的碱特性，测试结果如表 4-2 所示。由表可知，四种铝酸钙催化剂的碱度均为 $15.0 < H_- < 18.4$，碱性较强；由此表明，添加模板剂不改变铝酸钙催化剂的碱度，但会对铝酸钙催化剂的总碱量产生影响，即添加炭黑作为模板剂的催化剂总碱量最高，为 4.8mmol/g，而添加模板剂淀粉和 CTAB 的分别为 4.5mmol/g 和 4.3mmol/g，添加模板剂四丁基氯化铵的总碱量最低，仅为 4.1mmol/g。由此表明，添加不同模板剂不会对铝酸钙催化剂的碱特性有较大影响。

表 4-2　碱性催化剂的碱强度和总碱量

| 模板剂 | 碱度/$H_-$ | 总碱量/（mmol/g） |
|---|---|---|
| 炭黑 | 15.0<$H_-$<18.4 | 4.8 |
| 淀粉 | 15.0<$H_-$<18.4 | 4.5 |
| CTAB | 15.0<$H_-$<18.4 | 4.3 |
| 四丁基氯化铵 | 15.0<$H_-$<18.4 | 4.1 |

（5）SEM 表征

不同模板剂制备的铝酸钙催化剂的 SEM 图如图 4-3 所示，由图可知，不同类型的铝酸钙催化剂晶体为排列紧凑、大小不一的块状或片状结构组成；从图 4-3（a）和图 4-3（b）可知，铝酸钙催化剂主要是由这些晶体的团聚物构成，而这些团聚物罗列在一起，就形成催化剂的大颗粒。这些催化剂大颗粒的平均尺寸在 1~10μm。同时还表明，采用不同模板剂制备的铝酸钙催化剂同样具有良好晶体结构，这与 FT-IR 和 XRD 分析结果相吻合。

## 4.1.2　不同模板剂催化剂重油裂解性能

采用反应温度 700℃，水/油质量比 1.0，剂/油质量比 7.0 等最优裂解反应条件，对不同模板剂制备的铝酸钙催化剂的重油裂解性能进行测试，主要考察的因素有重油催化裂解三相组成、液体油组成、烯烃收率和选择性、烷烃收率及选择性等。

（1）三相组成

四种模板剂制备的铝酸钙催化剂对重油裂解三相组成的影响如图 4-4 所示。由图可知，四种铝酸钙催化剂呈现出不同的重油催化裂解性能，裂解气收率方面，炭黑和 CTAB 作为模板剂的气体收率较高，达到约 29.0%，而淀粉和四丁基氯化铵作为模板剂的气体收率略低，约为 27.0%，这可能是由于炭黑和 CTAB 作为模板剂制备的铝酸钙催化剂可提供相对较高的裂解比表面积和总碱量，提高重油的催化裂解性能，进而裂解气收率较高。而裂解液体油收率呈现与裂解气收率相同的变化规律，裂解液体油收率在 67.5%左右。焦炭收率变化不大，约为 4.5%，这表明铝酸钙催化剂可有效抑制重油裂解过程中产生焦炭，进而提高催化剂的使用寿命和降低催化剂再生次数。

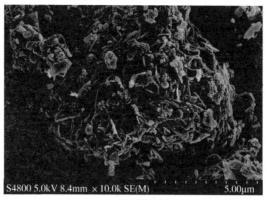

(a) 炭黑模板剂

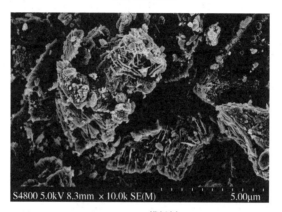

(b) CTAB模板剂

图 4-3　不同模板剂铝酸钙催化剂的 SEM 图像

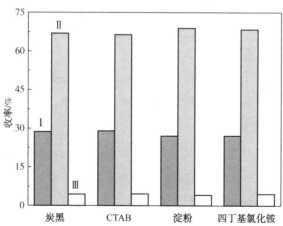

图 4-4　四种铝酸钙催化剂对三相组成的影响

注：Ⅰ—气体；Ⅱ—液体；Ⅲ—焦炭

（2）裂解液体油组成

四种模板剂制备铝酸钙催化剂对裂解液体油组分的影响规律如图 4-5 所示。由图可看出，四种铝酸钙催化剂裂解液体油组分变化规律各不相同，但裂解液体油主要以汽油和柴油产品为主，并含有少量的 VGO 和重油产品。其中，以模板剂炭黑和 CTAB 的铝酸钙催化剂的汽、柴油收率分别为 60.5% 和 32.0%，而以模板剂淀粉和四丁基氯化铵的催化剂的汽油收率略低，约为 55.0%，柴油收率略高，约为 34.5%。这可能是由于以炭黑和 CTAB 为模板剂制备催化剂的有效催化活性比表面积相对较高，促进重油进一步催化裂解，进而汽、柴油收率相对较高。四种铝酸钙催化剂裂解液体油中 VGO 和重油收率相近，分别为 6.0% 和 3.0%。由此上述分析可知，铝酸钙催化剂催化裂解重油可用于多产高收率的汽、柴油产品。

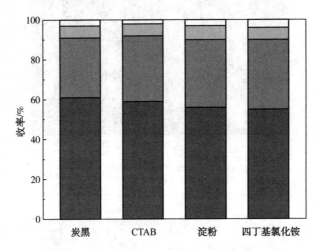

图 4-5　四种铝酸钙催化剂对裂解液组成的影响

注：从下到上依次为汽油、柴油、减压蜡油、重油

（3）烯烃收率和选择性

四种模板剂制备铝酸钙催化剂对烯烃收率和选择性变化规律如图 4-6 所示。由图 4-6(a)可知，所得裂解气以乙烯为主，同时含有一定量的丙烯和丁烯。其中以炭黑作为模板剂的催化剂，乙烯收率较高，约为 17.2%，以淀粉和四丁基为模板剂的催化剂，乙烯收率略低，约为 15.5%。丙烯和丁烯收率变化不大，而总烯烃收率呈现出逐渐降低的趋势。但相比于无模板剂的催化剂(图

3-13)所得裂解气组成来看，乙烯收率略有提高，这可能是由于相比于无模板剂的铝酸钙催化剂，加入模板剂制备的铝酸钙催化剂具有较高的比表面积，能够更有效地促进重油裂解性能。所得裂解气中的丙烯和丁烯收率较低，这主要是由于铝酸钙催化剂催化裂解重油遵循自由基链反应机理，乙烯是主要产物，而丙烯和丁烯不是最小的烯烃，会进一步发生裂解反应，生成小分子烃类(乙烯)。因此，裂解气体主要以乙烯为主，并含有一定量的丙烯和丁烯。

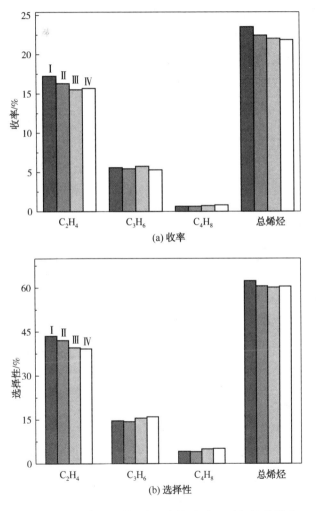

图 4-6  四种铝酸钙催化剂对烯烃收率和选择性的影响

注：Ⅰ—炭黑；Ⅱ—CTAB；Ⅲ—淀粉；Ⅳ—四丁基氯化铵

裂解气中烯烃选择性变化规律如图 4-6(b)所示，由图可知，乙烯选择性呈现逐渐减小的趋势，以炭黑为模板剂时，烯烃选择性最高为 43.5%，以四丁基氯化铵为模板剂时最低，仅为 39.2%。丙烯和丁烯选择性呈现逐渐增加的趋势，在以四丁基为模板剂时最高，分别为 16.0% 和 5.2%。这主要是由于以炭黑为模板剂的催化剂具有较高的催化裂解活性，促进裂解气中丙烯和丁烯转化为乙烯，使得气体产物中乙烯收率较高，进而呈现出乙烯选择性高，而丙烯和丁烯的选择性较低。总烯烃选择性呈现先减小后增大的趋势，以炭黑为模板剂的总烯烃选择性最高，达到 62.4%，而其他三种模板剂的总烯烃选择性相对低，约为 60.0%。通过对裂解气产品烯烃收率和选择性的分析可知，以炭黑为模板剂的铝酸钙催化剂裂解重油多产轻质烯烃方面性能较优。

　　(4) 烷烃收率和选择性

　　四种铝酸钙催化剂对裂解气中烷烃收率和选择性变化规律如图 4-7 所示。如图 4-7(a)所示，甲烷、乙烷和丙烷收率呈现逐渐增加的趋势，其中以炭黑为模板剂时甲烷收率最低，仅为 2.0%，以四丁基氯化铵为模板剂时甲烷收率最高，达到 2.3%。丙烷收率变化量较小，从 0.5% 增加到 0.6%。对于乙烷来说，以四丁基氯化铵为模板剂时乙烷收率最高，为 3.1%。总烷烃收率同样呈现逐渐增加的趋势，以炭黑为模板剂时丙烷收率最低，仅为 5.1%，以四丁基氯化铵为模板剂时丙烷收率最高，达到 6.0%。由上述分析可知，以炭黑为模板剂铝酸钙催化剂的催化裂解以及脱氢性能相对较高，不利于多产烷烃产品。

　　裂解气中烷烃的选择性变化规律如图 4-7(b)所示，由图可知，甲烷选择性呈现逐渐增加的趋势，以炭黑为模板剂时，甲烷选择性最低为 7.5%，以四丁基氯化铵为模板剂时最高，也仅为 8.0%。乙烷和丙烷选择性呈现与甲烷选择性相同的变化规律。这主要是由于催化剂具有较高的脱氢活性和较低的氢转移活性，促进烷烃脱氢多产轻质烯烃，进而使得裂解气中烷烃收率较低，同时选择性也较低。

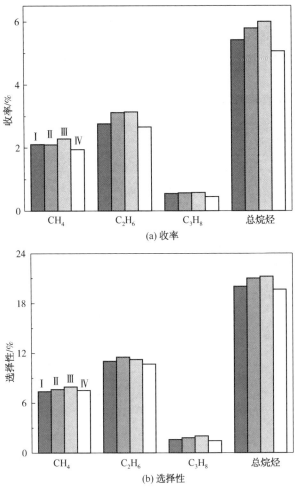

图 4-7　四种铝酸钙催化剂对烷烃收率和选择性的影响

注：Ⅰ—炭黑；Ⅱ—CTAB；Ⅲ—淀粉；Ⅳ—四丁基氯化铵

## 4.2　不同原料和煅烧温度的影响

通过对四种模板剂制备铝酸钙催化剂的比表面积以及重油催化裂解性能的对比，发现以炭黑为模板剂制备的铝酸钙催化剂性能最优，因此，采用炭黑作为模板剂制备铝酸钙催化剂，主要考察的因素有不同原材料[ $CaO+Al_2O_3$、$CaCO_3+Al_2O_3$、$Ca(OH)_2+Al_2O_3$、$Ca(CH_3COO)_2+Al(NO_3)_3$ ]和不同煅烧温度（1200~1400℃）对制备的铝酸钙催化剂比表面积以及孔道结构的影响。首先，对不同制备原材料进行对比研究，确定较适宜的铝酸钙合成原材料，然后再对煅烧温度进行测试，确定较适宜的催化剂煅烧温度，最后再对较优条件下合成的铝酸钙催化剂进行重油裂解气化性能测试。

### 4.2.1 不同原料的影响

该部分选用不同原材料 $[CaCO_3+Al_2O_3$、$Ca(CH_3COO)_2+Al(NO_3)_3$、$Ca(OH)_2+Al_2O_3$ 及 $CaO+Al_2O_3]$、模板剂（5.0%炭黑）与铝酸钙晶粉进行混合，在1350℃下 Ar 保护下进行煅烧，800℃下水蒸气气氛中除炭，最后对制备铝酸钙催化剂的比表面积和孔道结构、晶体结构、外观形貌等进行表征测试，确定较适宜的催化剂合成原料。

（1）BET 表征

表4-3为不同合成原料制备的铝酸钙催化剂的比表面积和孔道结构特性。

表4-3 铝酸钙催化剂性质

| 原料 | 比表面积/<br>（$m^2/g$） | 介孔比面积/<br>（$m^2/g$） | 总孔容/<br>（$cm^3/g$） | 孔径/<br>nm |
|---|---|---|---|---|
| $CaCO_3+Al_2O_3$+炭黑 | 25.9 | 15.7 | 0.14 | 8.75 |
| $Ca(CH_3COO)_2+Al(NO_3)_3$+炭黑 | 20.8 | 13.1 | 0.10 | 8.69 |
| $CaO+Al_2O_3$+炭黑 | 15.7 | 9.64 | 0.03 | 9.26 |
| $Ca(OH)_2+Al_2O_3$+炭黑 | 14.1 | 8.72 | 0.03 | 8.54 |

由表4-3可知，不同原料制备的铝酸钙催化剂的比表面积和孔结构呈现逐渐降低的趋势。其中采用 $CaCO_3+Al_2O_3$+炭黑为原料制备催化剂比表面积和总孔容积最高，达到 $25.9m^2/g$ 和 $0.14cm^3/g$，$Ca(CH_3COO)_2+Al(NO_3)_3$+炭黑为原料制备的铝酸钙催化剂的比表面积和总孔容积较 $CaCO_3+Al_2O_3$+炭黑为原料时略低，为 $20.8m^2/g$ 和 $0.10cm^3/g$，而 $CaO+Al_2O_3$+炭黑和 $Ca(OH)_2+Al_2O_3$+炭黑为原料制备催化剂的比表面积和总孔容积最低，约为 $15.0m^2/g$ 和 $0.04cm^3/g$，此外，四种铝酸钙催化剂的中孔比表面积同样呈现逐渐降低的趋势。这可能是由于选用 $CaCO_3+Al_2O_3$+炭黑为原料，在催化剂

晶体结构形成过程中模板剂炭黑可有效阻止催化剂孔道结构烧结，而且 $CaCO_3$ 又可进行二次造孔作用，进而使得制备的铝酸钙催化剂的比表面积和孔道结构较高。虽然 $Ca(CH_3COO)_2 + Al(NO_3)_3$ +炭黑为原料制备的铝酸钙催化剂的比表面积也较高，但是煅烧过程中会产生 $NO_x$ 气体，因而不是环境友好型原料。四种铝酸钙催化剂的平均孔径在9.0nm左右，为经典的介孔结构尺寸，因此，由上述分析可得出，这四种原料制备的铝酸钙催化剂主要以介孔结构为主。

（2）XRD 表征

不同原料制备的铝酸钙催化剂的 XRD 谱图如图 4-8 所示。由图可知，所有铝酸钙催化剂展现出较好的结晶度和晶体衍射峰强度。四种铝酸钙催化剂在衍射角为 18.1°、23.5°、27.8°、35.1°、29.8°、36.6°、41.1°、41.2°、43.6°、44°、48.3°、51.7°、56.3°、58.9°、63°、67.1°和70°时出现较强的晶体特征峰，这些衍射峰与粉末衍射卡片中的 $Ca_{12}Al_{14}O_{33}$ 化合物的特征衍射峰相匹配，此外，在38.4°处还发现 CaO 的特征衍射峰。由上述分析可知，使用不同原料制备铝酸钙催化剂不会对最终催化剂的晶体结构产生影响，只是峰强度略有增强。

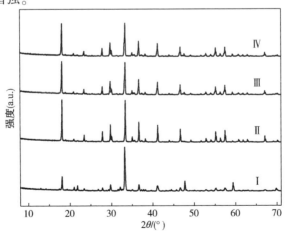

图 4-8　不同原料制备催化剂的 XRD 谱图

注：Ⅰ—CaO+Al₂O₃+炭黑；Ⅱ—Ca(CH₃COO)₂+Al(NO₃)₃+炭黑；

Ⅲ—Ca(OH)₂+Al₂O₃+炭黑；Ⅳ—CaCO₃+Al₂O₃+炭黑

（3）SEM 表征

不同原料制备的铝酸钙催化剂的微观形貌如图 4-9 所示。

由图 4-9（a）可知，$CaO+Al_2O_3$+炭黑制备的铝酸钙催化剂由许多不规则形状的颗粒组成，其中一些颗粒相互结合在一起形成聚合体。$CaCO_3+Al_2O_3$+炭黑[图 4-9（b）]和 $Ca(CH_3COO)_2+Al(NO_3)_3$+炭黑[图 4-9（c）]为原料制备催化剂的 SEM 图像中也发现同样的聚合体，但图 4-9（b）和图 4-9（c）图像中发现大量片状结构聚合体，这些片状聚合体有利于提高催化剂的比表面积。另外，三种铝酸钙催化剂的平均颗粒大小在 $1\sim10\mu m$，其中较大尺寸的催化剂颗粒的平均尺寸甚至达到几十微米。此外，从 SEM 图像中还发现，催化剂的较大比表面积主要是由较小尺寸的聚合体体现出来的，而从图 4-9（a）~图 4-9（c）SEM 图像分析，这三种催化剂可认为是无孔道或少量孔道结构，因此，催化剂颗粒的大小直接体现出铝酸钙催化剂的比表面积大小。

## 4.2.2　不同煅烧温度的影响

选用原料 $CaCO_3+Al_2O_3$+炭黑（其中炭黑添加量为 5.0%），主要考察不同煅烧温度（1200~1400℃）对催化剂比表面积和孔道结构，以及晶体结构的影响，确定较适宜的催化剂合成温度。在催化剂制备过程中，首先通过选定相同的煅烧时间（2 h），然后再在不同的煅烧温度（1200~1400℃）和 800℃下水蒸气除炭合成催化剂，最后再对制备的铝酸钙催化剂的比表面积和孔道结构、晶体结构等进行表征。

（1）BET 表征

表 4-4 为不同煅烧温度制备的铝酸钙催化剂的比表面积和孔道结构特性。由表可知，催化剂煅烧温度从 1200℃提高到 1350℃时，铝酸钙催化剂的比表面积和总孔容积从 28.4$m^2$/g 和 0.18$cm^3$/g 降低到 25.9$m^2$/g 和 0.14$cm^3$/g，而将煅烧温度提高到 1400℃时，制备的铝酸钙催化剂的比表面积和总孔容积明显降低，仅为 6.26$m^2$/g 和 0.01$cm^3$/g。这可能是由于煅烧温度超过 1350℃时，铝酸钙催化剂会发生熔融反应（催化剂为熔融状态），易造成模板剂炭黑起不到保护催化剂孔道结构和阻止催化剂孔道烧结的作用，

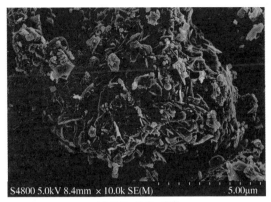

(a) CaO+Al$_2$O$_3$+炭黑

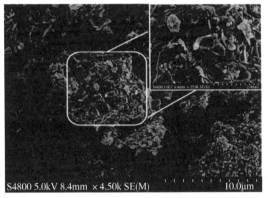

(b) CaCO$_3$+Al$_2$O$_3$+炭黑

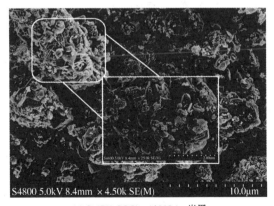

(c) Ca(CH$_3$COO)$_2$+Al(NO$_3$)$_3$+炭黑

图 4-9  不同原料铝酸钙催化剂的 SEM 图像

进而使得铝酸钙催化剂比表面积和总孔容积显著降低。另外铝酸钙催化剂的中孔比表面积(微孔比表面积)同样呈现逐渐降低的趋势。在 1200~1350℃时，铝酸钙催化剂的平均孔径在 10.0nm 左右，为经典的催化剂介孔结构，因此，由上述比表面积和总孔容积分析可知，煅烧温度从 1200℃提高到1350℃时，铝酸钙催化剂的比表面积及孔道变化较小。

表 4-4  不同温度铝酸钙催化剂性质

| 煅烧温度/℃ | 比表面积/(m²/g) | 介孔比面积/(m²/g) | 总孔容/(cm³/g) | 孔径/nm |
|---|---|---|---|---|
| 1200 | 28.4 | 20.1 | 0.20 | 10.8 |
| 1250 | 29.0 | 19.6 | 0.15 | 10.3 |
| 1300 | 26.2 | 16.5 | 0.12 | 9.84 |
| 1350 | 25.9 | 15.7 | 0.14 | 8.75 |
| 1400 | 6.26 | 4.68 | 0.01 | 6.60 |

(2) XRD 表征

不同煅烧温度(1200~1400℃)制备的铝酸钙催化剂的 XRD 谱图如图 4-10所示。由图可知，所制备的催化剂展现出不同的结晶度和衍射峰强度。随着煅烧温度逐渐提高，催化剂的晶体衍射峰强度逐渐增加。对于 1350℃和 1400℃的催化剂 XRD 谱图来说，催化剂的衍射峰强度较强，且杂峰较少，呈现出结晶度较好。通过对图谱中的特征衍射峰进行物相分析，可知催化剂主要结构形态为 $Ca_{12}Al_{14}O_{33}$，由此表明铝酸钙催化剂的形成。而在 1200~1300℃的 XRD谱图中，同样发现了一定量的 $Ca_{12}Al_{14}O_{33}$ 晶体衍射峰和其他晶体衍射峰(如$CaAl_2O_4$ 和 $CaAl_4O_7$ 等)，但催化剂晶体衍射峰强度较低。此外还发现 CaO 特征衍射峰，表明在该煅烧温度(1200~1300℃)范围内，目标晶体的结晶度较低，晶体纯度较低。由上述分析可知，相同的煅烧时间，煅烧温度的高低直接影响催化剂的晶体结构的形成速率和结晶度高低。

通过对不同煅烧温度(1200~1350℃)制备的催化剂的比表面积和孔道结构以及晶体结构的对比，煅烧温度对制备的铝酸钙催化剂的比表面积和孔道结构影响较小。通过对不同煅烧温度的催化剂的晶体结构的分析，发现在 1350℃时催化剂的晶体结构和结晶度较好，催化剂晶体纯度较好。综合催化剂的 BET和 XRD 分析结果，确定选用在 1350℃时制备铝酸钙催化剂相对较优。

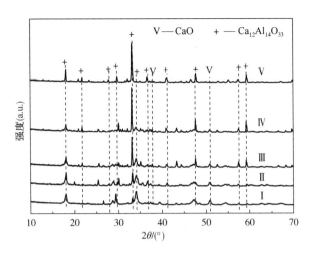

图 4-10 不同温度制备碱性催化剂的 XRD 谱图（Intensity：强度）

注：Ⅰ—1200℃；Ⅱ—1250℃；Ⅲ—1300℃；Ⅳ—1350℃；Ⅴ—1400℃

### 4.2.3 不同比表面积及水热处理铝酸钙重油裂解气化性能

选用裂解温度为 600~700℃，水/油质量比 1.0，剂/油质量比 7.0 等反应条件，对不同比表面积以及水热处理铝酸钙催化剂的重油裂解气化性能以及循环工艺可行性进行研究。主要考察的因素有不同比表面积催化剂的重油裂解气化性能差异，铝酸钙催化剂的水热稳定性以及循环稳定性等。

不同比表面积催化剂选用 $CaCO_3+Al_2O_3+$ 炭黑与 $CaCO_3+Al_2O_3$ 为原料，煅烧温度和水蒸气除炭温度分别为 1350℃和 800℃，铝酸钙催化剂分别命名为 $C_{12}A_7$-0 和 $C_{12}A_7$-1。水热处理催化剂选用 800℃下水蒸气老化处理上述两种铝酸钙催化剂 7h，分别命名为 $C_{12}A_7$-0-800 和 $C_{12}A_7$-1-800。首先对这四种铝酸钙催化剂进行构造性质、晶体结构以及碱特性表征，然后再对重油催化裂解以及气化性能进行测试。

（1）不同比表面积以及水热处理催化剂表征

① 催化剂结构特性

不同比表面积以及水热处理铝酸钙催化剂的构造特性如表 4-5 所示。由表可知，不添加炭黑模板剂制备的铝酸钙催化剂（$C_{12}A_7$-0）的比表面积和总孔容积较低，仅为 9.6m²/g 和 0.02cm³/g，这可能是由于在催化剂制备过程中，晶体团聚效应造成催化剂的孔道结构烧结。而添加炭黑作为模板剂制备的铝酸钙催化剂（$C_{12}A_7-1$）的比表面积和总孔容积明显提高，达到 25.9 $m^2/g$ 和 0.14 $cm^3/g$，由此表明在催化剂制备过程中，添加硬模板剂炭黑可有效阻止晶体团聚效应，进而起到保护催化剂孔道结构的作用。经过水热处理的铝酸钙催化剂的比表面积和总孔容积略有降低，即 $C_{12}A_7-0-800$ 催化剂的降低到 8.3 $m^2/g$ 和 0.02 $cm^3/g$，而 $C_{12}A_7-1-800$ 催化剂的降低到 23.6 $m^2/g$ 和 0.12 $cm^3/g$。$C_{12}A_7-1$ 催化剂孔道平均直径为 7.0nm，另外三种催化剂的孔道平均直径约为 9.0nm（为经典介孔结构）。$C_{12}A_7-0$ 和 $C_{12}A_7-0-800$ 催化剂的堆积密度约为 1.40 $g/cm^3$，略高于 $C_{12}A_7-1$ 和 $C_{12}A_7-1-800$ 催化剂的约 1.30 $g/cm^3$。这可能是由于铝酸钙催化剂的比表面积的改变，造成催化剂的堆积密度有差异。

表 4-5　铝酸钙催化剂构造特性

| 催化剂 | 比表面积/($m^2/g$) | 总孔容/($cm^3/g$) | 堆密度/($g/cm^3$) | 孔径/nm |
|---|---|---|---|---|
| $C_{12}A_7-0$ | 9.6 | 0.02 | 1.42 | 9.16 |
| $C_{12}A_7-0-800$ | 8.3 | 0.02 | 1.40 | 10.6 |
| $C_{12}A_7-1$ | 25.9 | 0.14 | 1.30 | 7.09 |
| $C_{12}A_7-1-800$ | 23.6 | 0.12 | 1.31 | 9.53 |

② 催化剂碱特性

不同比表面积以及水热处理铝酸钙催化剂的碱特性如表 4-6 所示，四种铝酸钙催化剂展现出不同的总碱量和相同的碱强度。

表 4-6　铝酸钙催化剂构造特性

| 催化剂 | 碱度 $H_-$ | 总碱量/($mmol/g$) | 总碱浓度/($\mu mol/m^2$) |
|---|---|---|---|
| $C_{12}A_7-0$ | $15.0<H_-<18.4$ | 3.8 | 395.8 |
| $C_{12}A_7-0-800$ | $15.0<H_-<18.4$ | 3.2 | 385.5 |
| $C_{12}A_7-1$ | $15.0<H_-<18.4$ | 4.0 | 154.4 |
| $C_{12}A_7-1-800$ | $15.0<H_-<18.4$ | 3.5 | 148.3 |

注：碱度和总碱量均通过 Hammett 指示剂法测得；总碱浓度＝总碱量/比表面积。

由表 4-6 可知，未经过水热处理催化剂（$C_{12}A_7-0$ 和 $C_{12}A_7-1$）和水热处理催化剂（$C_{12}A_7-0-800$ 和 $C_{12}A_7-1-800$）的碱强度均在 $15.0<H_-<18.4$

范围内，碱性较强。对于未经过水热处理催化剂（$C_{12}A_7-0$ 和 $C_{12}A_7-1$）而言，其总碱量达到 3.8mmol/g，而经过水热处理催化剂（$C_{12}A_7-0-800$ 和 $C_{12}A_7-1-800$）的总碱量略有降低，达到 3.4mmol/g。另外，对于催化剂总碱量来说，$C_{12}A_7-0$ 的总碱量与 $C_{12}A_7-1$ 的相差不大，这可能是由于添加硬模板剂不会对铝酸钙催化剂的总碱量产生较大影响，仅会改变催化剂的比表面积和孔结构。此外，$C_{12}A_7-0$ 催化剂总碱浓度（395.8μmol/m²）明显高于 $C_{12}A_7-1$ 的（154.4μmol/m²），这主要是由于 $C_{12}A_7-0$ 的比表面积（9.6m²/g）明显低于 $C_{12}A_7-1$ 的（25.9m²/g），进而总碱浓度相差较大。但经过水热处理催化剂的总碱浓度变化量较小。由此表明，选用的铝酸钙催化剂的水热稳定性较好。

③ 催化剂晶体结构

未水热处理铝酸钙催化剂（$C_{12}A_7-0$ 和 $C_{12}A_7-1$）和水热处理铝酸钙催化剂（$C_{12}A_7-0-800$ 和 $C_{12}A_7-1-800$）的 XRD 谱图如图 4-11 所示。由图可知，这四种铝酸钙催化剂均具有较好的衍射峰强度和结晶度。对于 $C_{12}A_7-0$ 和 $C_{12}A_7-1$ 来说，催化剂的主要晶体结构为 $Ca_{12}Al_{14}O_{33}$，另外还发现一定量的 $Ca_3Al_2O_9$ 结构。这可能是由于相比于 $Ca_3Al_2O_9$ 晶体结构，在 $n(CaCO_3)/n(Al_2O_3)=12:7$ 比例下，形成 $Ca_{12}Al_{14}O_{33}$ 晶体所需吉布斯能较低，因而铝酸钙催化剂的主要结构形态为 $Ca_{12}Al_{14}O_{33}$。水热处理铝酸钙催化剂（$C_{12}A_7-0-800$ 和 $C_{12}A_7-1-800$）的晶体衍射峰变化较小，只是衍射峰强度略有增强。上述分析结果表明，在 800℃水蒸气氛围下，铝酸钙催化剂具有较高的水热稳定性。

（2）重油催化裂解-气化性能

本部分选用不同比表面积铝酸钙催化剂（$C_{12}A_7-0$ 和 $C_{12}A_7-1$），反应温度 600~700℃，重油进料速率和时间分别为 1.8g/min 和 4.0min。裂解过程中的剂/油质量比通过加入的催化剂质量（30~60g）来调控，研究发现剂/油质量比 7.0 时裂解性能较优。此外，还发现重油进料速度和表面蒸汽速度直接决定裂解性能和催化剂颗粒流化状态，在本部分选用水/油质量比为 1.0 流化催化剂颗粒和雾化重油。

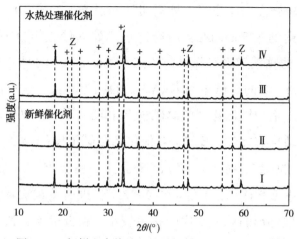

图 4-11　新鲜和水热处理铝酸钙催化剂的 XRD 谱图

注：I —$C_{12}A_7$-0；II —$C_{12}A_7$-1；III —$C_{12}A_7$-0-800；IV —$C_{12}A_7$-1-800；

+—$Ca_{12}Al_{14}O_{33}$；Z—$Ca_3Al_2O_9$

① 不同比表面积重油裂解性能

不同比表面积铝酸钙催化剂（$C_{12}A_7$-0 和 $C_{12}A_7$-1）催化裂解重油产品分布情况示于表 4-7。

表 4-7　不同反应温度铝酸钙催化剂裂解减压渣油产物分布

| 催化剂 | $C_{12}A_7$-0 | | | $C_{12}A_7$-1 | | |
|---|---|---|---|---|---|---|
| 裂解温度/℃ | 600 | 650 | 700 | 600 | 650 | 700 |
| 气体收率/% | 22.0 | 25.6 | 30.5 | 23.6 | 27.7 | 33.2 |
| $C_2^=$ ~$C_4^=$/% | 13.9 | 16.5 | 20.1 | 15.2 | 18.1 | 22.6 |
| $C_2$~$C_4$ 烯烃选择性/% | 63.2 | 64.5 | 65.9 | 64.4 | 65.3 | 68.1 |
| 液体收率/% | 72.6 | 69.3 | 64.3 | 70.8 | 67.0 | 61.4 |
| 焦炭收率/% | 5.4 | 5.1 | 5.2 | 5.6 | 5.3 | 5.4 |
| 裂解液体油模拟蒸馏组成分布 | | | | | | |
| 汽油/% | 25.9 | 30.6 | 31.5 | 27.1 | 32.0 | 32.3 |
| 柴油/% | 21.4 | 20.5 | 19.3 | 21.3 | 20.1 | 18.7 |
| 减压蜡油/% | 12.9 | 9.5 | 7.0 | 11.6 | 8.4 | 6.0 |
| 重油/% | 12.4 | 8.7 | 6.5 | 10.8 | 6.5 | 4.4 |

注：$C_2$~$C_4$ 烯烃选择性=$m(C_2^=+C_3^=+C_4^=)/m(总烃收率)$。

由表 4-7 可知，反应温度从 600℃ 升高到 700℃ 过程中，裂解气收率、烯烃选择性以及重油转化率等呈现逐渐增加的趋势，液体收率呈现逐渐降低的趋势，焦炭收率变化量较小，且 $C_{12}A_7$-1 催化剂的重油裂解活性略优于

$C_{12}A_7$-0 催化剂的，这可能是由于相对较高的比表面积，促进了重油催化裂解性能。以 $C_{12}A_7$-0 催化剂 700℃ 催化裂解重油为例。裂解气中 $C_2 \sim C_4$ 烯烃收率由 13.9%（600℃）增加到 20.1%（700℃），这可能是由于裂解气中的 $C_4 \sim C_5$ 烯烃产品裂解生成乙烯和丙烯，进而 $C_2 \sim C_4$ 烯烃收率和 $C_2 \sim C_4$ 烯烃收率显著提高。焦炭收率变化量较小（约 5.2%），而焦炭主要来自沥青质和胶质在催化剂表面的缩聚和脱氢作用，由此表明铝酸钙催化剂可有效抑制脱氢和缩聚作用产生焦炭。对于液体油馏分来说，汽油馏分收率从 25.9% 增加到 31.5%，柴油馏分（约 20.0%）收率变化量较小，而相应的未反应重油和 VGO 收率显著降低。通过对不同裂解温度的产品分布的对比，发现裂解温度为 650℃ 时，铝酸钙催化剂裂解活性较适宜。

表 4-7 显示裂解气收率随着裂解温度升高而显著提高。这可能是由于重油裂解过程往往伴随热裂解和催化裂解两个反应过程。热裂解反应遵循自由基反应机理，倾向于通过深度裂解重油分子来多产小分子烃类（干气收率高），催化裂解反应遵循碳正离子反应机理，倾向于多产 $C_3 \sim C_5$ 烃类（液化石油气含量高），此外，催化裂解反应活化能（124.3kJ/mol）明显低于热裂解反应活化能（217.5kJ/mol）。由此表明，在较高温度下，热裂解反应是铝酸钙催化剂转化重质油的主要途径，从而裂解气收率较高。

② 水热处理催化剂裂解性能

不同剂/油质量比（7.0 和 10.0）条件下，水热老化处理铝酸钙催化剂（$C_{12}A_7$-0-800 和 $C_{12}A_7$-1-800）催化裂解重油产品分布情况示于表 4-8。

由表 4-8 可知，不同剂/油质量比条件下，水热处理铝酸钙裂解重油展现出不同的裂解反应活性。在剂/油质量比 7.0 时，$C_{12}A_7$-0-800 和 $C_{12}A_7$-1-800 催化剂裂解重油为例。相比于表 4.7，所得裂解气收率略有降低，达到 23.5% ~ 25.2%，而 $C_2 \sim C_4$ 烯烃选择性变化不大，分别为 65.1% 和 66.3%。另外，裂解液体油产品收率略有提高，达到 69.6% ~ 71.4%。这可能是由于 $C_{12}A_7$-0-800 和 $C_{12}A_7$-1-800 催化剂的总碱量较 $C_{12}A_7$-0 和 $C_{12}A_7$-1 的略有降低，进而造成水热处理催化剂可提供较合适的碱度，适于重质油催化裂解。当剂/油质量比提高到 10.0 时，裂解液体油收率降低到 69.0%（$C_{12}A_7$-0-800）

和 66.8%（$C_{12}A_7$-0-800）。这可能是由于水热处理铝酸钙催化剂裂解活性提高，使得重油转化率略有提高。裂解气收率从 23.5% ~ 25.2% 提高到 25.8% ~ 28.0%，与此同时 $C_2$ ~ $C_4$ 烯烃选择性从 65.1% 提高到 65.9% ~ 67.5%，裂解活性与剂油质量比为 7.0 时未经过水热处理铝酸钙催化剂的裂解活性相当。由此表明水热处理铝酸钙催化剂的确降低其裂解活性。值得注意的是经过水热处理催化剂裂解重油的焦炭收率基本无变化。这表明铝酸钙催化剂可通过抑制催化剂表面积炭，来提高催化剂使用寿命和维持裂解活性稳定，这一特点有利于重油裂解和重油裂解气化循环工艺的连续进行。裂解液体油产品主要有轻质油产品组成（汽、柴油），重油和减压蜡油（VGO）收率略有降低，分别为 7.0% 和 8.0%。这可能是由于在较高的剂/油质量比的情况下，氧催化活性位（例如过氧离子或其他类似离子）的浓度显著提高，可与重油分子发生接触反应，降低 C—C 键和 C—H 键断裂形成自由基所需的活化能，进而显著提高重油裂解活性和烃类脱氢性能。

表 4-8　650℃时不同剂油比铝酸钙催化剂裂解减压渣油产物分布

| 催化剂 | $C_{12}A_7$-0-800 | $C_{12}A_7$-1-800 | $C_{12}A_7$-0-800 | $C_{12}A_7$-1-800 |
|---|---|---|---|---|
| 剂/油质量比 | 7.0 | 7.0 | 10.0 | 10.0 |
| 气体收率/% | 23.5 | 25.2 | 25.8 | 28.0 |
| $C_2^=$ ~ $C_4^=$/% | 15.3 | 16.7 | 17.0 | 18.9 |
| $C_2$ ~ $C_4$ 烯烃选择性/% | 65.1 | 66.3 | 65.9 | 67.5 |
| 液体收率/% | 70.4 | 69.6 | 69.0 | 66.8 |
| 焦炭收率/% | 5.1 | 5.2 | 5.2 | 5.2 |
| 裂解液体油模拟蒸馏组成分布 | | | | |
| 汽油/% | 28.4 | 30.1 | 30.4 | 32.4 |
| 柴油/% | 22.5 | 21.5 | 21.7 | 20.6 |
| 减压蜡油/% | 11.3 | 10.4 | 9.0 | 7.5 |
| 重油/% | 9.2 | 7.6 | 7.9 | 6.3 |

③ 催化剂气化性能

催化剂表面裂解生焦不仅能阻塞催化剂孔道，而且能进一步降低裂解活性。此外，在重油裂解过程中，重金属元素和杂原子可能富集到石油焦中，进一步导致催化剂中毒失活，因此，及时通过气化方式再生积炭催化剂，对裂解气化循环过程尤为重要。催化剂表面积炭采用 800℃ 和水蒸气-5%（体积）氧气混合气，气化时间为 30min。

两种铝酸钙催化剂（$C_{12}A_7$-0-800 和 $C_{12}A_7$-1-800）表面焦炭催化产品气体组成和焦炭转化率示于表 4-9。由表可知，所得的合成气组成变化不大，表明这两种铝酸钙催化剂均具有较高的焦炭催化气化性能。具体表现为 $H_2$ 和 $CO_2$ 收率达到 85.0%（体积），且 $H_2$ 收率达到 58.5%（体积），进而造成所得产品气体中 $H_2/CO$ 比较高（约 4.5）。此外，$CH_4$ 收率少于 0.5%（体积），与 Wang 等的发现类似。这可能是由于在 800℃ 气化温度下，甲烷重整反应和分解反应要强于甲烷化反应，进而所得产品气中甲烷收率较低。与此同时，整个气化过程中这两种铝酸钙催化剂表面焦炭转化率较高，达到约 97.5%，即焦炭催化气化率达到 3.2%/min。这可能是由于这两种铝酸钙催化剂具有较高的碱浓度和总碱量，能够提供较多的氧催化活性位（$O^{2-}$），这些活性位具有较高的反应性，可促进催化剂表面焦炭快速气化转化。结合表 4-8 和表 4-9 可知，铝酸钙催化剂具有双功能特征，即不仅可催化转化重油原料，又可催化气化裂解产生的焦炭。另一方面，将氧气引入焦炭催化气化转化反应系统，可提供氧源来保持催化剂裂解活性的稳定和缩短催化剂再生时间。由上述分析可知，铝酸钙催化剂表面焦炭不能实现完全气化，因而整个气化过程选用先气化后烧焦的过程，即先使用气化剂气化转化掉大部分焦炭，随后残留在催化剂上的焦炭再通过氧气燃烧除掉。

表 4-9  两种铝酸钙催化剂裂解焦炭催化产品气体组成

| 催化剂 | 气体组成/%（体积） | | | | | 焦炭转化率/% | 气化率/（%/min） |
| --- | --- | --- | --- | --- | --- | --- | --- |
| | $H_2$ | CO | $CH_4$ | $CO_2$ | $C_2 \sim C_3$ | | |
| $C_{12}A_7$-0-800 | 58.1 | 12.9 | 0.5 | 27.7 | 0.8 | 97.2 | 3.2 |
| $C_{12}A_7$-1-800 | 59.3 | 12.6 | 0.4 | 26.8 | 0.9 | 98.4 | 3.3 |

注：焦炭催化气化率=m（焦炭转化率）/t（反应时间）。

④ 催化剂循环稳定性

催化剂表面积炭气化过程，同样代表着裂解催化剂气化反应过程。本部分主要研究催化剂的裂解气化稳定性。$C_{12}A_7$-0-800 和 $C_{12}A_7$-1-800 催化剂稳定性测试，采用反应温度650℃，剂/油质量比7.0等最优反应条件。四次裂解-气化循环过程的裂解产物分布示于表4-10。

表4-10　再生催化剂裂解重油产物分布情况

| 催化剂 | $C_{12}A_7$-0-800 | | | | $C_{12}A_7$-1-800 | | | |
|---|---|---|---|---|---|---|---|---|
| | 初始 | RC-1 | RC-2 | RC-3 | 初始 | RC-1 | RC-1 | RC-1 |
| 气体收率/% | 23.5 | 22.0 | 22.3 | 22.8 | 25.2 | 23.5 | 23.1 | 23.9 |
| $C_2^=$~$C_4^=$/% | 15.3 | 14.5 | 14.7 | 15.1 | 16.7 | 15.7 | 15.5 | 16.0 |
| $C_2$~$C_4$烯烃选择性/% | 65.1 | 65.7 | 66.1 | 66.4 | 66.3 | 66.9 | 67.2 | 66.8 |
| 焦炭收率/% | 5.1 | 5.1 | 5.2 | 5.0 | 5.2 | 5.3 | 5.2 | 5.1 |
| 液体收率/% | 70.4 | 72.9 | 72.5 | 72.2 | 69.6 | 71.1 | 71.7 | 71.0 |
| 裂解液体油模拟蒸馏组成分布 | | | | | | | | |
| 汽油/% | 28.4 | 27.5 | 26.4 | 27.0 | 30.1 | 28.4 | 28.0 | 27.9 |
| 柴油/% | 22.5 | 21.3 | 21.4 | 21.8 | 21.5 | 21.2 | 21.1 | 21.4 |
| 减压蜡油/% | 11.3 | 13.6 | 13.9 | 13.3 | 10.4 | 12.9 | 13.3 | 13.2 |
| 重油/% | 9.2 | 10.5 | 10.8 | 10.1 | 7.6 | 8.7 | 9.2 | 8.5 |

注：RC-1、RC-2和RC-3分别代表第一次、第二次以及第三次循环再生过程。

多次循环再生催化剂裂解重油产品分布情况示于表4-10。相比于新鲜催化剂，经过一次循环再生过程，再生催化剂裂解重油表现出相对较高的液体收率，未转化重油组分较高。再生催化剂所得液体油产品中重油馏分收率比新鲜碱性催化剂的高约2.0%，气体收率和未转化重油组分分别降低了约1.7%和1.0%。这可能是由于气化过程中碱性催化活性位减少，进而降低了催化剂的裂解反应活性。因此，重油馏分收率从7.6%~9.2%增加8.5%~10.8%，减压蜡油(VGO)馏分收率从10.4%~11.3%增加到12.9%~13.9%。与此同时，汽油馏分收率从28.4%~30.1%降低到26.4%~27.9%。但柴油馏分收率、$C_2$~$C_4$烯烃选择性以及焦炭收率变化较小。由上述分析可知，铝酸钙催化剂经过气化反应过程其裂解活性基本趋于稳定，仍然具有较高催化裂解活性，从而获得较高的重油转化率、轻质烯烃和轻质油收率。

## 4.3 本章小结

通过添加四种模板剂制备的铝酸钙催化剂，同时还考察对重油裂解产物分布的影响。研究发现不同模板剂的添加，不会对制备的铝酸钙催化剂的晶体结构和重油催化裂解及脱氢性能产生较大影响，只会改变催化剂的比表面积、孔道结构、碱特性。结果表明选用炭黑作为模板剂的铝酸钙催化剂重油催化裂解性能相对较优，其中总烯烃和焦炭收率分别为 23.0% 和 4.5%，总烷烃收率低于 6.0%，进而使得裂解气中烯烃选择性较高，裂解液体油主要有汽、柴油产品组成。

通过对不同原材料[$CaCO_3$+$Al_2O_3$+炭黑、$Ca(CH_3COO)_2$+$Al(NO_3)_3$+炭黑、$Ca(OH)_2$+$Al_2O_3$+炭黑以及 $CaO$+$Al_2O_3$+炭黑]的比表面积和孔结构以及晶体结构的对比，发现采用原料 $CaCO_3$+$Al_2O_3$+炭黑时，不仅具有较高的比表面积和孔道结构，较好的晶体结构和微观形貌，而且是环境友好型材料。原料 $Ca(CH_3COO)_2$+$Al(NO_3)_3$+炭黑虽然也有较高的比表面积和孔道结构以及晶体结构和微观形貌，但制备过程中会排放有毒气体 $NO_x$。因此，选用 $CaCO_3$+$Al_2O_3$+炭黑作为原料制备铝酸钙催化剂较优。

不同比表面积和水热处理铝酸钙催化剂对重油催化裂解气化性能进行测试。结果表明不同比表面积铝酸钙催化剂具有较好的裂解活性，可实现 $C_2$~$C_4$ 烯烃选择性达到 58.0%，催化剂表面积炭 5.2%，重油转化率高于 92.0%。相比于未经过水热处理的铝酸钙催化剂，水热处理的铝酸钙催化剂确实降低其裂解活性，可提供较温和的重油裂解活性。对于焦炭催化气化过程来说，采用气化温度 800℃ 和水蒸气/氧气混合气，催化剂表面积炭转化率较高，所得的产品气体中 $H_2$ 收率达到 58.0%(体积)，$H_2$/$CO$ 比达到 4.5，$CH_4$ 收率少于 0.5%(体积)。再生铝酸钙催化剂经过几次循环，其裂解活性基本趋于稳定。由上述分析可知，铝酸钙催化剂表现重油裂解和焦炭催化气化的双功能特性。

# 5

## ▶▶▶ 铝酸钙催化剂改性及其重油裂解气化性能

到目前为止，重油催化裂化催化剂主要由分子筛和碱性催化剂组成。其中分子筛催化剂由于具有较规整的孔道结构和一定的择形功能，此外，还可通过调节酸性的方式(主要通过水热处理或改性)显著改变其催化活性以及稳定性，被广泛应用于石油炼制领域。碱性催化剂中铝酸钙催化剂研究较多，前期研究发现铝酸钙具有水热稳定性高、晶体结构稳定以及碱性较强等优势。在液固催化反应中，由于其易于实现反应物和产物的快速分离、对环境友好且能避免可溶性催化剂带来的问题，因而在精细化工领域(尤其是制备生物柴油方面)有着广阔的应用发展前景。此外，在重质原料油催化裂解领域，改性铝酸钙催化剂多被用于多产轻质烯烃和轻质油产品、抑制催化剂表面积炭以及降低反应活化能等方面。

本章主要通过催化剂改性的方式，来实现铝酸钙催化剂的催化裂解活性的可调性，进一步达到裂解产物可控化，提高铝酸钙催化剂应用的广泛性。主要考察不同类型改性铝酸钙催化剂(硝酸锰改性铝酸钙催化剂分别命名为 $0.4\%-Mn/C_{12}A_7$、$1.0\%-Mn/C_{12}A_7$ 及 $2.0\%-Mn/C_{12}A_7$，高锰酸钾改性铝酸钙催化剂分别命名为 $0.4\%-K-Mn/C_{12}A_7$、$1.0\%-K-Mn/C_{12}A_7$ 及 $2.0\%-K-Mn/C_{12}A_7$)的重油催化裂解-气化反应性能，通过与未改性铝酸钙催化剂($C_{12}A_7$)对比，确定较适宜的改性剂类型及改性剂添加量。首先通过

Hammett 指示剂、XRD、SEM、XPS、BET 等手段对对改性铝酸钙催化剂的碱度和总碱量、晶体结构、表观形貌、元素价态分布、孔道分布以及比表面积等基本特性进行测试表征；然后再考察改性铝酸钙催化剂的重油催化裂解-气化反应性能及耦合工艺的可行性，并对制备的裂解气、裂解液体油产品以及焦炭催化产品气进行组成分析。

## 5.1 硝酸锰改性铝酸钙催化剂

本章中用到的硝酸锰改性铝酸钙催化剂制备方法、表征手段以及重油裂解-气化测试过程见第 2.2 节~第 2.4 节。

### 5.1.1 催化剂表征

（1）XRD 表征

未改性和改性 $C_{12}A_7$ 催化剂（$Mn-C_{12}A_7$）的 XRD 谱图如图 5-1 所示。由图可知，所有铝酸钙催化剂均具有较好的晶体结构和衍射峰强度。对于所有 $C_{12}A_7$ 催化剂（$C_{12}A_7$ 和 $Mn-C_{12}A_7$）的 XRD 谱图晶体衍射峰，通过物相分析可知，催化剂的晶体晶体结构主要为 $Ca_{12}Al_{14}O_{33}$。另外在所有 $C_{12}A_7$ 催化剂的谱图中，还发现一定量的 CaO 晶体结构。此外，相比于未改性催化剂，改性铝酸钙催化剂的衍射峰的位置基本无变化，只是晶体衍射峰强度略有增加。与此同时，在改性 $C_{12}A_7$ 催化剂的谱图上未发现 $MnO_x$ 的晶体衍射峰，这可能是由于 $MnO_x$ 高度分散在 $C_{12}A_7$ 催化剂的表面。

（2）BET 表征

表 5-1 列出为未改性 $C_{12}A_7$ 和改性 $C_{12}A_7$ 催化剂的比表面积、孔径分布以及晶体大小等结构性质。由表 5-1 可知，改性铝酸钙催化剂具有相对较高的比表面积和孔径分布。其中未改性 $C_{12}A_7$ 催化剂的比表面积和总孔容积分别达到 $23.7m^2/g$ 和 $0.15cm^3/g$，其均高于之前报道的。这表明采用炭黑作为硬模板剂，可有效阻止催化剂在煅烧过程中晶体结构发生团聚和保护催化剂孔道结构，进而使得制备的铝酸钙催化剂的比表面积显著提高。而对于通过

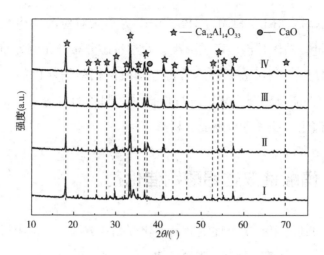

图 5-1　锰改性 $C_{12}A_7$ 和 $C_{12}A_7$ 催化剂的 XRD 谱图

注：Ⅰ—$C_{12}A_7$；Ⅱ—0.4%-$Mn/C_{12}A_7$；Ⅲ—1.0%-$Mn/C_{12}A_7$；Ⅳ—2.0%-$Mn/C_{12}A_7$

锰酸盐浸渍法制备的改性铝酸钙催化剂来说，其比表面积和总孔容积可分别达到约 $27.0m^2/g$ 和 $0.30cm^3/g$。这可能是由于制备过程中，$C_{12}A_7$ 催化剂表面的硝酸锰分解略微提高其比表面积。未改性 $C_{12}A_7$ 催化剂的平均孔直径仅为 7.3nm，而改性 $C_{12}A_7$ 催化剂的约为 11.5nm，而催化剂的平均晶体尺寸均在 31.0nm 左右。改性催化剂的堆密度约为 $1.18g/cm^3$，低于未改性催化剂的 $1.26g/cm^3$。

表 5-1　所有铝酸钙催化剂的结构性质

| 催化剂 | 比表面积[①]/ ($m^2/g$) | 总孔容/ ($cm^3/g$) | 平均孔径[②]/ nm | 堆密度/ ($g/cm^3$) | $D_{XRD}$[③]/nm |
|---|---|---|---|---|---|
| $C_{12}A_7$ | 23.7 | 0.15 | 7.3 | 1.26 | 33.8 |
| 0.4%-$Mn/C_{12}A_7$ | 27.3 | 0.33 | 11.9 | 1.17 | 31.5 |
| 1.0%-$Mn/C_{12}A_7$ | 27.1 | 0.32 | 12.0 | 1.19 | 30.4 |
| 2.0%-$Mn/C_{12}A_7$ | 26.8 | 0.30 | 11.1 | 1.21 | 32.7 |

① $S_{BET}$ 从 BET 方程计算得到，

② $D$=平均孔直径；

③ $D_{XRD}$=平均晶体大小，通过 Debye-Scherre 方程从 XRD 谱图上计算得到。

（3）碱度和总碱量表征

通过指示剂法测定的未改性和改性铝酸钙催化剂的碱特性，具体结果示于表5-2。由表可知，四种铝酸钙催化剂展现出不同的碱特性（总碱量以及总碱浓度），而催化剂的碱度相同，均在 $15.0<H_-<18.4$ 的范围内，碱度较强。对于总碱量来说，未改性铝酸钙催化剂（$C_{12}A_7$）的仅为 2.9mmol/g，而改性铝酸钙催化剂的均超过 4.0mmol/g。由此表明，通过硝酸锰改性可提高铝酸钙催化剂的总碱量。此外，由于四种铝酸钙催化剂具有不同比表面积（表5-1），进而总碱浓度不同（$C_{12}A_7 = 133.6\mu mol/m^2$，$0.4\%-Mn/C_{12}A_7 = 146.5\mu mol/m^2$，$1.0\%-Mn/C_{12}A_7$ 和 $2.0\%-Mn/C_{12}A_7$ 的为 $175.3 \sim 177.1\mu mol/m^2$）。其中 $1.0\%-Mn/C_{12}A_7$ 和 $2.0\%-Mn/C_{12}A_7$ 催化剂的总碱浓度明显高于 $C_{12}A_7$ 和 $0.4\%-Mn/C_{12}A_7$ 催化剂的，表明 $1.0\%-Mn/C_{12}A_7$ 和 $2.0\%-Mn/C_{12}A_7$ 催化剂可能具有较高的催化裂解活性。

表5-2　铝酸钙催化剂的碱度和总碱量

| 催化剂 | 碱度 $H_-$ | 总碱量/（mmol/g） | 总碱浓度/（$\mu mol/m^2$） |
|---|---|---|---|
| $C_{12}A_7$ | $15.0<H_-<18.4$ | 2.9 | 133.6 |
| $0.4\%-Mn/C_{12}A_7$ | $15.0<H_-<18.4$ | 4.0 | 146.5 |
| $1.0\%-Mn/C_{12}A_7$ | $15.0<H_-<18.4$ | 4.8 | 177.1 |
| $2.0\%-Mn/C_{12}A_7$ | $15.0<H_-<18.4$ | 4.7 | 175.3 |

注：1. 通过 Hammett 指示剂法测定；

　　2. 总碱浓度=总碱量/$S_{BET}$。

（4）XPS 表征

该部分选用 $C_{12}A_7$、$1.0\%-Mn/C_{12}A_7$ 以及 $2.0\%-Mn/C_{12}A_7$ 催化剂进行表征，催化剂表面的 Mn 和 O 元素价态和浓度通过 XPS 来表征，具体表征结果如图5-2所示。其中 $2.0\%-Mn/C_{12}A_7$ 催化剂的 Mn2p XPS 谱图如图5-2（a）所示，通过对 XPS 谱图上的衍射峰进行拟合分为两个峰（$Mn^{4+}$ 和 $Mn^{3+}$），$Mn2p_{3/2}$ 和 $Mn2p_{1/2}$ 的键合能大小与 Trivedi 等和 Cai 等研究结果相似。在 $2.0\%-Mn/C_{12}A_7$ 催化剂的 XPS 谱图中展现出两个宽的 $Mn^{4+}$ 衍射峰和两个窄的 $Mn^{3+}$ 衍射峰，并且 $Mn^{4+}$ 和 $Mn^{3+}$ 的键合能相差较小，即 $Mn^{3+}$ 的键合能在

641.2eV 和 653.6eV，Mn$^{4+}$ 的键合能在 642.8eV 和 654.3eV。由上述分析可知，改性剂 MnO$_x$ 已经分布在 C$_{12}$A$_7$ 催化剂的表面。

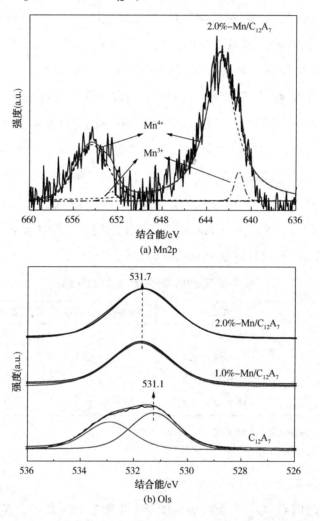

图 5-2　不同改性 C$_{12}$A$_7$ 催化剂中 Mn2p 和 O1s 的 XPS 谱图

O1s 的键合能分布情况分布如图 5-2(b) 所示，由图可知，三种铝酸钙催化剂的 O1s 频谱可根据键合能划分，其分别为晶格氧（O$^{2-}$）529.2 ~ 530.2eV 和化学吸附氧（如 O$^-$、OH$^-$、O$_2^{2-}$、CO$_3^{2-}$）531.1 ~ 532.2eV 两部分。在 XPS 谱图中，这三种铝酸钙催化剂 O1s 的键合能在分别处于 531.1eV 和 531.7eV，可归类为化学吸附氧。此外，相比于 C$_{12}$A$_7$ 催化剂的峰面积，

1.0%-Mn/C$_{12}$A$_7$ 和 2.0%-Mn/C$_{12}$A$_7$ 催化剂具有更高的峰面积，也暗示这两种催化剂具有化学吸附氧浓度。众所周知，较高浓度的化学吸附氧浓度（活性氧）可进一步提高重油的裂解深度以及催化剂的裂解活性。

（5）SEM 表征

此外，表 5-1 列出所有 C$_{12}$A$_7$ 催化剂的比表面积，即 C$_{12}$A$_7$ = 23.7m$^2$/g，Mn/C$_{12}$A$_7$ = 27.0m$^2$/g。不同比表面积的铝酸钙催化剂可通过 SEM 进行表征，具体分析结果如图 5-3 所示。在图 5-3（a）~图 5-3（d）可发现所有铝酸钙催化剂（未改性和改性 C$_{12}$A$_7$ 催化剂）由不均一颗粒结合成聚集体，且这些不规则的聚集体具有不同的颗粒尺寸和大孔结构，这些催化剂颗粒尺寸分布在 1~10μm 之间。此外，在图 5-3（b）~图 5-3（d）上可发现，在催化剂表面负载着一些棒状颗粒，而这些棒状小颗粒可为 Mn/C$_{12}$A$_7$ 催化剂提供较高的比表面积。选取 0.4%-Mn/C$_{12}$A$_7$ 催化剂相应的 Ca、Al、O 以及 Mn 元素的真实的分布情况如图 5-3（e）~图 5-3（h）所示。通过谱图对比可知，0.4%-Mn/C$_{12}$A$_7$ 催化剂主要有 Ca、Al 和 O 组成，而图 5-3（h）中元素分布较为稀疏，这表明 MnO$_x$ 高度分散在 C$_{12}$A$_7$ 催化剂的表面和 MnO$_x$ 含量较低，与 XRD 和 XPS 的分析结果相一致。

## 5.1.2 改性催化剂裂解气化重油性能

（1）改性催化剂重油裂解性能

铝酸钙催化剂（C$_{12}$A$_7$）的进一步改性根据第 2.2 节的制备方法进行，主要是为了调整催化剂的催化裂解活性。本部分选用的重油裂解反应温度为 650℃（与第 4.2.3 节相同），剂/油质量比为 7.0 和 5.0，裂解催化剂为 C$_{12}$A$_7$、0.4%-Mn/C$_{12}$A$_7$、1.0%-Mn/C$_{12}$A$_7$ 以及 2.0%-Mn/C$_{12}$A$_7$。表 5-2 表明改性铝酸钙催化剂仍具有较高的总碱浓度，甚至比 C$_{12}$A$_7$ 催化剂的高。因此，通过在催化剂表面浸渍变价金属的方法，不能有效的削弱催化剂表面碱度，以致裂解气收率较高和裂解液体油收率较低。

未改性 C$_{12}$A$_7$ 和改性 C$_{12}$A$_7$ 催化剂裂解重油产品分布示于表 5-3。由表可知，在剂/油质量比为 7.0 时，随着 MnO$_x$ 的添加量逐渐增加，所得裂解气

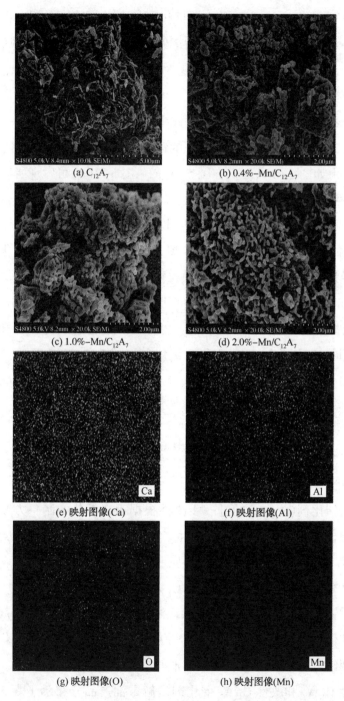

图 5-3　SEM 图像及 0.4%-Mn/$C_{12}A_7$ 催化剂的元素映射图像

收率、$C_4 \sim C_5$ 烃类收率以及重油转化率等参数逐渐增加，而 $C_2 \sim C_4$ 烯烃选择性和裂解液体油收率逐渐降低，但当剂/油质量比为 5.0，裂解产物变化规律与剂/油质量比 7.0 时的相似。以剂/油质量比 7.0 催化裂解重油为例，相比 $C_{12}A_7$ 裂解重油来说，$1.0\%-Mn/C_{12}A_7$ 和 $2.0\%-Mn/C_{12}A_7$ 裂解重油所得裂解气收率和重油转化率逐渐增加，裂解液体油收率和 $C_2 \sim C_4$ 烯烃选择性逐渐降低，其中所得的裂解液体油收率低 $2.0\% \sim 4.0\%$。而 $0.4\%-Mn/C_{12}A_7$ 裂解重油产品收率和重油转化率变化不大，但 $C_2 \sim C_4$ 烯烃产品选择性略有提高。这主要是由于 $1.0\%-Mn/C_{12}A_7$ 和 $2.0\%-Mn/C_{12}A_7$ 催化剂具有较高的总碱浓度（表 5-2）。值得注意的是改性铝酸钙催化剂的 $C_2 \sim C_4$ 烯烃选择性显著变化，从 $0.4\%-Mn/C_{12}A_7$ 的 66.9% 降低到 $1.0\%-Mn/C_{12}A_7$ 的 40.1% 和 $2.0\%-Mn/C_{12}A_7$ 的 25.1%。由此表明 $1.0\%-Mn/C_{12}A_7$ 和 $2.0\%-Mn/C_{12}A_7$ 催化剂有利于多产烷烃而不是烯烃产品，这与 Awayssa 等在 FCC 催化剂上添加 $MnO_x$ 可多产烯烃产品截然不同。这应该是由于较高浓度的 $MnO_x$ 分布在 $C_{12}A_7$ 催化剂的表面，可实现抑制烃类脱氢性能和 $C_4 \sim C_5$ 烃类进一步裂解生成小分子烃类，具体体现 $C_4 \sim C_5$ 烃类收率从 $0.4\%-Mn/C_{12}A_7$ 的 3.1% 增加到 $1.0\%-Mn/C_{12}A_7$ 和 $2.0\%-Mn/C_{12}A_7$ 的约 11.5%。此外，$0.4\%-Mn/C_{12}A_7$ 裂解重油所得裂解气中 $H_2$ 收率为 0.2%，$1.0\%-Mn/C_{12}A_7$ 以及 $2.0\%-Mn/C_{12}A_7$ 所得裂解气中未检测到 $H_2$。焦炭收率变化量较小（约 6.5%）。这表明改性铝酸钙催化剂既可调控重油裂解产物分布，又可通过抑制催化剂表面生焦来减缓催化剂失活。由上述分析可知，通过硝酸锰改性 $C_{12}A_7$ 催化剂裂解重油来调控裂解产物分布是可行的。

表 5-3　未改性和改性 $C_{12}A_7$ 催化剂裂解重油产品分布

| 催化剂 | $C_{12}A_7$ | $0.4\%-Mn/C_{12}A_7$ | | $1.0\%-Mn/C_{12}A_7$ | | $2.0\%-Mn/C_{12}A_7$ | |
|---|---|---|---|---|---|---|---|
| 剂/油质量比 | 7.0 | 7.0 | 5.0 | 7.0 | 5.0 | 7.0 | 5.0 |
| 气体收率/% | 23.5 | 23.7 | 22.6 | 25.9 | 24.8 | 27.6 | 26.7 |
| $H_2$ 收率/% | 0.2 | 0.2 | 0.3 | — | — | — | — |
| $C_4 \sim C_5$ 收率/% | 3.3 | 3.1 | 3.0 | 10.1 | 11.5 | 12.1 | 12.9 |
| $C_2 \sim C_4$ 烯烃选择性/% | 63.4 | 66.8 | 65.7 | 40.1 | 41.5 | 25.1 | 27.3 |

| 催化剂 | $C_{12}A_7$ | 0.4%-Mn/$C_{12}A_7$ | | 1.0%-Mn/$C_{12}A_7$ | | 2.0%-Mn/$C_{12}A_7$ | |
|---|---|---|---|---|---|---|---|
| 焦炭收率/% | 6.8 | 6.4 | 6.5 | 6.5 | 6.6 | 6.5 | 6.4 |
| 液体收率/% | 69.7 | 69.9 | 70.9 | 67.6 | 68.6 | 65.9 | 67.0 |
| 裂解液体油模拟蒸馏组成分布 | | | | | | | |
| 汽油/% | 30.0 | 25.0 | 24.4 | 25.7 | 25.1 | 26.4 | 25.4 |
| 柴油/% | 20.3 | 24.9 | 24.6 | 24.5 | 24.3 | 24.1 | 24.3 |
| 减压蜡油/% | 11.7 | 12.7 | 13.7 | 10.9 | 11.6 | 10.2 | 11.3 |
| 重油/% | 7.7 | 7.3 | 8.2 | 6.5 | 7.6 | 5.2 | 6.0 |

（2）待生催化剂气化反应及稳定性测试

催化剂表面生焦不仅易造成重油转化率降低，而且可通过堵塞或部分堵塞催化剂孔道来降低催化活性位。再就是增加催化剂颗粒黏附性，会进一步降低催化剂的流化性能。众所周知，劣质重油中大多数污染物（如硫、氮以及重金属元素）富集到减压渣油中，随后通过渣油裂解过程转移到石油焦中，这些有害物质可能是催化剂中毒，甚至是永久性失活。因此，及时转化催化剂上的积炭对重油裂解气化循环过程连续进行尤为重要。本部分主要研究焦炭催化气化特性和催化剂循环可能性。通过先前气化测试发现，仅使用水蒸气作为气化剂气化转化裂解催化剂表面的积炭是可行的。一般情况下，裂解产生的焦炭比焦化过程产生的焦炭具有更高的反应活性，另外铝酸钙催化剂表面的表面氧活性位同样对焦炭催化气化具有催化效果。该部分研究采用气化温度800℃，气化剂为水蒸气，持续时间70min，并在检测不到明显含碳气体产品时结束。其中用于吹扫和预热整个反应系统的时间约为40min，吹扫气为氩气。

表5-4列出未改性和改性$C_{12}A_7$催化剂表面焦炭催化气化所得气体组成和相应的焦炭转化率。由表5-4可知，产品气中$H_2$和$CO_2$收率高于81.5%（体积），其中$H_2$的收率超过56.0%（体积），且1.0%-Mn/$C_{12}A_7$和2.0%-Mn/$C_{12}A_7$催化剂的$H_2$产品收率略高于0.4%-Mn/$C_{12}A_7$和$C_{12}A_7$催化剂的，CO收率仅为约15.5%（体积），进而使得产品气中含有较高比例的$H_2$/CO比（约3.7）。

甲烷收率低于 0.8%(体积)，明显低于分子筛催化剂产品气中甲烷含量，这可能是由于在气化温度为 800℃时，$C_{12}A_7$ 催化剂表面的甲烷水蒸气重整和甲烷分解反应要明显强于甲烷化反应。1.0%-$Mn/C_{12}A_7$ 和 2.0%-$Mn/C_{12}A_7$ 催化剂的焦炭转化率较 $C_{12}A_7$ 和 0.4%-$Mn/C_{12}A_7$ 催化剂显著提高，即 $C_{12}A_7$ 和 0.4%-$Mn/C_{12}A_7$ 的焦炭转化率约为 93.0%，而在 1.0%-$Mn/C_{12}A_7$ 和 2.0%-$Mn/C_{12}A_7$ 上焦炭转化率达到约 97.5%。由上述分析可知，硝酸锰改性 $C_{12}A_7$ 催化剂同样具有双功能(兼顾裂解和气化)反应特性。

表 5-4    未改性和改性 $C_{12}A_7$ 催化剂焦炭催化产品气组成

| 催化剂 | 气体组成/%(体积) | | | | | $H_2/CO$ | 焦炭转化率/% |
| --- | --- | --- | --- | --- | --- | --- | --- |
| | $H_2$ | CO | $CH_4$ | $CO_2$ | $C_2 \sim C_3$ | | |
| $C_{12}A_7$ | 56.5 | 15.0 | 0.8 | 26.7 | 1.0 | 3.8 | 92.5 |
| 0.4%-$Mn/C_{12}A_7$ | 57.9 | 15.7 | 0.7 | 24.8 | 0.9 | 3.7 | 93.9 |
| 1.0%-$Mn/C_{12}A_7$ | 59.5 | 15.8 | 0.6 | 23.2 | 0.9 | 3.8 | 97.0 |
| 2.0%-$Mn/C_{12}A_7$ | 59.2 | 16.6 | 0.7 | 22.7 | 0.8 | 3.6 | 98.0 |

再生改性 $C_{12}A_7$ 催化剂($Mn/C_{12}A_7$)重油裂解-气化工艺循环过程的可行性。其中重油裂解反应温度和剂/油质量比分别选用 650℃和 7.0，选用经过两次裂解气化反应循环过程的再生改性 $C_{12}A_7$ 催化剂。新鲜和再生催化剂的重油裂解结果示于表 5-5。由表 5-5 可知，新鲜催化剂和再生催化剂的产品分布相差不大，这表明 $C_{12}A_7$ 催化剂在循环过程中具有较高的水热稳定性和裂解活性稳定性。此外，表 5-6 显示再生催化剂的催化剂的表面碱度和比表面积略微降低，使得再生催化剂裂解重油得到较低的气体收率和重油转化率，较高的液体收率。而催化剂反应活性和碱度降低，可能是由于仍有一定量的积炭残留在催化剂表面上，覆盖催化活性位。因此，在实际操作过程中，希望催化剂表面积炭应该变化较小，以使再生催化剂具有较稳定的催化活性。另外，添加一定量的新鲜催化剂有利于补偿降低的反应活性。综上所述，重油裂解气化过程可最大限度地将重油转化为目标产物，同时改性催化剂可实现调控产物分布。

表 5-5　新鲜和再生催化剂重油裂解产品分布

| 催化剂 | 0.4%-Mn/C$_{12}$A$_7$ | | 1.0%-Mn/C$_{12}$A$_7$ | | 2.0%-Mn/C$_{12}$A$_7$ | |
|---|---|---|---|---|---|---|
| | 初始 | GR[①] | 初始 | GR[①] | 初始 | GR[①] |
| 气体收率/% | 23.7 | 23.1 | 25.9 | 25.0 | 27.6 | 26.8 |
| C$_4$~C$_5$ 收率/% | 3.1 | 3.4 | 10.1 | 9.9 | 12.1 | 12.4 |
| C$_2$~C$_4$ 烯烃选择性/% | 66.8 | 66.2 | 40.1 | 41.0 | 25.1 | 25.8 |
| 焦炭收率/% | 6.4 | 6.4 | 6.5 | 6.5 | 6.5 | 6.4 |
| 液体收率/% | 69.9 | 70.5 | 67.6 | 68.5 | 65.9 | 66.8 |
| 裂解液体油模拟蒸馏组成分布 | | | | | | |
| 汽油/% | 25.0 | 24.3 | 25.7 | 25.2 | 26.4 | 26.1 |
| 柴油/% | 24.9 | 25.1 | 24.5 | 24.9 | 24.1 | 24.2 |
| 减压蜡油/% | 12.7 | 13.2 | 10.9 | 11.2 | 10.2 | 10.5 |
| 重油/% | 7.3 | 7.9 | 6.5 | 7.2 | 5.2 | 6.0 |

① GR 代表再生改性催化剂。

表 5-6　再生催化剂的物化性质

| 再生剂 | 比表面积/(m$^2$/g) | 碱度 $H_-$ | 总碱量/(mmol/g) | 总碱浓度/(μmol/m$^2$) |
|---|---|---|---|---|
| 0.4%-Mn/C$_{12}$A$_7$ | 25.9 | 15.0<$H_-$<18.4 | 3.9 | 150.6 |
| 1.0%-Mn/C$_{12}$A$_7$ | 26.1 | 15.0<$H_-$<18.4 | 4.6 | 176.2 |
| 2.0%-Mn/C$_{12}$A$_7$ | 25.8 | 15.0<$H_-$<18.4 | 4.5 | 174.4 |

# 5.2　高锰酸钾改性铝酸钙催化剂

本章中用到的高锰酸钾改性铝酸钙催化剂制备方法、表征手段以及重油裂解-气化测试过程见第 2.2 节~第 2.4 节。该部分选用高锰酸钾作为催化剂的改性剂，主要考虑到其既含有钾元素又含有锰元素，为变价金属和碱金属组合的双元素改性剂。

## 5.2.1　催化剂表征

（1）红外表征

未改性和高锰酸钾改性 C$_{12}$A$_7$ 催化剂的红外谱图如图 5-4 所示。

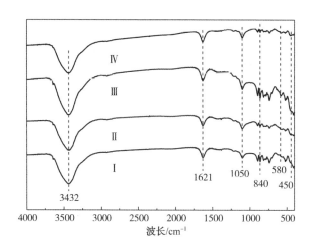

图 5-4   未改性和改性铝酸钙催化剂红外谱图

注：Ⅰ—$C_{12}A_7$；Ⅱ—0.4%-K-Mn/$C_{12}A_7$；Ⅲ—1.0%-K-Mn/$C_{12}A_7$；Ⅳ—2.0%-K-Mn/$C_{12}A_7$

由图 5-4 可知，在 3432$cm^{-1}$处能够观察到一个 O—H 的伸缩振动吸收峰，这可能是自由水 O—H 键和结构性羟基的氢键。在 1621$cm^{-1}$处能够观察到一个 O—H 的弯曲振动吸收峰，这两个特征衍射峰的出现可能是在压片过程，催化剂从空气中吸附水汽或 KBr 含有水所致；在 1050$cm^{-1}$和 580$cm^{-1}$处观察到一个特征衍射峰，应该为 Al—O 的伸缩振动吸收峰，在 450$cm^{-1}$处观察到一个特征衍射峰，应该为 Ca—O 的伸缩振动吸收峰，在 840$cm^{-1}$处观察到一个特征衍射峰，应该为四面体结构（$AlO_4$）中 Al—O 的伸缩振动峰，通过上述分析可知，铝酸钙催化剂的形成，以及添加高锰酸钾未对铝酸钙特性产生影响。

（2）催化剂碱度和总碱量

高锰酸钾改性 $C_{12}A_7$ 催化剂的碱度和总碱量等特性示于表 5-7。由表可知，改性 $C_{12}A_7$ 催化剂呈现出与未改性催化剂不同的碱特性。对于催化剂碱度来说，未改性和改性 $C_{12}A_7$ 催化剂的碱度均为 15.0<$H_-$<18.4，碱度较强，由此表明高锰酸钾改性不会对 $C_{12}A_7$ 催化剂的碱度产生影响。对于催化剂总碱量来说，改性 $C_{12}A_7$ 催化剂的总碱量较未改性催化剂的略有降低，即未改性 $C_{12}A_7$ 催化剂的总碱量为 4.0mmol/g，而改性催化剂的总碱量降为约 3.2mmol/g，由此表明，添加改性剂高锰酸钾会对 $C_{12}A_7$ 催化剂的总碱量产生一定的影响，进而体现为可能进一步影响改性 $C_{12}A_7$ 催化剂的重油催化裂解-气化反应活性。

表 5-7　催化剂的碱度和总碱量

| 催化剂 | 碱度 $H_-$ | 总碱量/（mmol/g） |
|---|---|---|
| $C_{12}A_7$ | $15.0<H_-<18.4$ | 4.0 |
| 0.4%-K-Mn/$C_{12}A_7$ | $15.0<H_-<18.4$ | 3.4 |
| 1.0%-K-Mn/$C_{12}A_7$ | $15.0<H_-<18.4$ | 3.1 |
| 2.0%-K-Mn/$C_{12}A_7$ | $15.0<H_-<18.4$ | 3.0 |

（3）催化剂晶体结构性质

未改性 $C_{12}A_7$ 催化剂和不同高锰酸钾改性 $C_{12}A_7$ 催化剂的 BET 表征结果示于表 5-8。由表可知，较未改性 $C_{12}A_7$ 催化剂的比表面积和孔径分布，改性 $C_{12}A_7$ 催化剂的逐渐降低，其中未改性 $C_{12}A_7$ 催化剂比表面积和总孔容积分别达到 23.7$m^2$/g 和 0.15$cm^3$/g，其均高于之前报道的。这表明采用炭黑作为硬模板剂，可有效阻止催化剂在煅烧过程中晶体结构发生团聚和保护催化剂孔道结构，进而使得制备的 $C_{12}A_7$ 催化剂的比表面积显著提高。而对于高锰酸钾改性 $C_{12}A_7$ 催化剂来说，其比表面积和总孔容积分别达到约 16.8$m^2$/g 和 0.10$cm^3$/g。这可能是由于煅烧过程中，改性剂高锰酸钾（K-Mn/$C_{12}A_7$）的分解产物覆盖在催化剂表面，阻塞催化剂孔道和外表面，进而降低 $C_{12}A_7$ 催化剂的比表面积和总孔容积。未改性 $C_{12}A_7$ 催化剂的平均孔直径仅为 7.3nm，而改性 $C_{12}A_7$ 催化剂（K-Mn/$C_{12}A_7$）的平均孔径约为 10.5nm，为经典介孔结构。由上述分析可知，添加改性剂高锰酸钾不利于提高 $C_{12}A_7$ 催化剂的结构特性。

表 5-8　所有铝酸钙催化剂的结构性质

| 催化剂 | 比表面积/（$m^2$/g） | 总孔容/（$cm^3$/g） | 堆密度/（g/$cm^3$） | 孔径/nm |
|---|---|---|---|---|
| $C_{12}A_7$ | 23.7 | 0.15 | 1.20 | 7.3 |
| 0.4%-K-Mn/$C_{12}A_7$ | 20.6 | 0.18 | 1.21 | 11.3 |
| 1.0%-K-Mn/$C_{12}A_7$ | 16.8 | 0.08 | 1.23 | 10.2 |
| 2.0%-K-Mn/$C_{12}A_7$ | 14.4 | 0.09 | 1.24 | 10.4 |

（4）XRD 表征

未改性 $C_{12}A_7$ 催化剂和不同比例高锰酸钾改性 $C_{12}A_7$ 催化剂的 XRD 表征如图 5-5 所示，由图可知，在 $2\theta$ 为 18.1°、23.5°、25.6°、27.8°、35.1°、36.6°、41.1°、41.2°、43.6°、44°、51.7°、56.3°、60.7°、63°、67.1° 和 70° 等处均出现了较强的晶体特征衍射峰，这些衍射峰与粉末衍射卡片 Powder Diffraction File 中的 $Ca_{12}Al_{14}O_{33}$ 化合物相匹配。由此可断定，选用的 $C_{12}A_7$ 催化剂中各元素 Ca-Al-O 的比例约为 12:14:33。而高锰酸钾改性 $C_{12}A_7$ 催化剂发现相同的晶体衍射峰，只是衍射峰强度略有增强。此外，在 XRD 谱图未发现高锰酸钾及其分解产物的衍射峰，由此表明高锰酸钾高度分散在 $C_{12}A_7$ 催化剂表面。

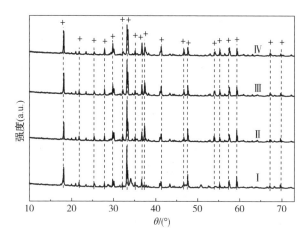

图 5-5　未改性和改性铝酸钙催化剂 XRD 谱图

注：Ⅰ—$C_{12}A_7$；Ⅱ—0.4%-K-Mn/$C_{12}A_7$；

Ⅲ—1.0%-K-Mn/$C_{12}A_7$；Ⅳ—2.0%-K-Mn/$C_{12}A_7$

### 5.2.2　重油催化裂解气化性能

（1）三相组成

未改性 $C_{12}A_7$ 催化剂和不同高锰酸钾改性 $C_{12}A_7$ 催化剂的重油裂解三相组成变化规律如图 5-6 所示。

由图 5-6 可知，改性 $C_{12}A_7$ 催化剂呈现出不同的三相组成。对于气体收

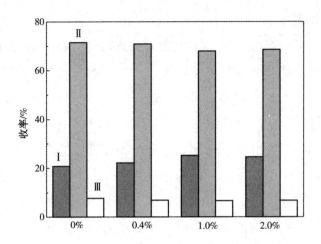

图 5-6  不同改性铝酸钙催化剂重油裂解三相组成图

注：Ⅰ—裂解气；Ⅱ—裂解油；Ⅲ—焦炭

率来说，改性催化剂的收率较未改性 $C_{12}A_7$ 催化剂的明显提高，即在 2.0%-K-Mn/$C_{12}A_7$ 时气体收率最多，其收率达到 25.2%，在 0.4%-K-Mn/$C_{12}A_7$ 时气体收率较低，也达到 22.2%，而未改性 $C_{12}A_7$ 催化剂的气体收率仅有 20.8%。这可能是由于添加改性剂高锰酸钾，在一定程度上促进了重油的催化裂解。相应的裂解液体油产品收率呈现出与气体收率不同的变化规律，未改性 $C_{12}A_7$ 催化剂（$C_{12}A_7$）获得的裂解液体油收率较高（71.5%），高于改性 $C_{12}A_7$ 催化剂（K-Mn/$C_{12}A_7$）的裂解液体油产品收率。对于未改性或改性 $C_{12}A_7$ 催化剂表面积炭来说，未改性 $C_{12}A_7$ 催化剂的焦炭收率约 7.7%，而改性 $C_{12}A_7$ 催化剂的焦炭收率约为 6.9%。未改性 $C_{12}A_7$ 催化剂表面积炭高于改性 $C_{12}A_7$ 催化剂的，这可能是由于改性 $C_{12}A_7$ 催化剂较未改性 $C_{12}A_7$ 催化剂具有较低的比表面积，较适宜的总碱量和总碱浓度，可有效地抑制催化剂表面积炭，通过促进催化剂表面积炭的变换反应。但总体来说，不管未改性催化剂或改性 $C_{12}A_7$ 催化剂表面积炭收率不高，均低于分子筛催化剂的焦炭收率，由此表明 $C_{12}A_7$ 催化剂可实现降低焦炭收率。

（2）裂解液体油组成

未改性 $C_{12}A_7$ 催化剂和不同高锰酸钾改性 $C_{12}A_7$ 催化剂对裂解液体油馏分的影响规律如图 5-7 所示，由图可知，未改性 $C_{12}A_7$ 催化剂和改性

$C_{12}A_7$ 催化剂（K-Mn/$C_{12}A_7$）的裂解液体油馏分组成变化规律各不相同。对于裂解汽油馏分而言，改性铝酸钙催化剂裂解重油所得的裂解汽油馏分收率变化量较小，分别为 35.0%、30.0% 和 33.0%。而未改性 $C_{12}A_7$ 催化剂的汽油馏分收率达到 42.0%，明显高于改性 $C_{12}A_7$ 催化剂的。而对于柴油和减压蜡油馏分而言，未改性和改性 $C_{12}A_7$ 催化剂的馏分收率相差不大，其中改性 $C_{12}A_7$ 催化剂的柴油和减压蜡油馏分收率分别为 30.0% 和 23.5%，而未改性催化剂的收率分别为 33.0% 和 20.0%。对于裂解液体中未反应的重油馏分收率，未改性 $C_{12}A_7$ 催化剂和改性催化剂（K-Mn/$C_{12}A_7$）的重油馏分收率相差较大，其中未改性 $C_{12}A_7$ 催化剂的重油收率仅为 5.0%，而改性 $C_{12}A_7$ 催化剂的重油收率达到约 13.5%。这可能是由于通过高锰酸钾改性 $C_{12}A_7$ 催化剂的裂解活性略有降低，这可能与改性 $C_{12}A_7$ 催化剂的总碱量和总碱浓度较低有关，也就是说改性 $C_{12}A_7$ 催化剂的重油催化裂解活性更温和，因而造成裂解液体油中未反应重油馏分收率相对较高，汽油馏分收率相对较低。

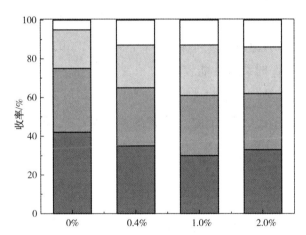

图 5-7　改性铝酸钙催化剂对裂解液组成的影响

注：从下到上依次为汽油、柴油、减压蜡油、重油

（3）裂解气中烷烃收率和选择性

未改性 $C_{12}A_7$ 催化剂和不同浓度高锰酸钾改性 $C_{12}A_7$ 催化剂对裂解气中烷烃收率和烷烃选择性变化规律如图 5-8 所示。由图 5-8(a)可知，裂解气

中烷烃收率呈现不同的变化趋势，相对于未改性 $C_{12}A_7$ 催化剂的烷烃收率，改性 $C_{12}A_7$ 催化剂（K-Mn/$C_{12}A_7$）所得裂解气中各烷烃和总烷烃收率略有增加，但未改性 $C_{12}A_7$ 催化剂的总烷烃收率仅为 5.4%，而改性 $C_{12}A_7$ 催化剂的总烷烃收率约为 6.8%。且在改性催化剂 1.0%-K-Mn/$C_{12}A_7$ 时总烷烃和各烷烃产品收率较高。这可能是由于高锰酸钾改性 $C_{12}A_7$ 催化剂具有较低的烷烃脱氢活性，进而抑制裂解气中烷烃进一步脱氢产生小分子烯烃产品，使得裂解气中烷烃产品收率较高。由此表明高锰酸钾改性 $C_{12}A_7$ 催化剂有利于促进重油裂解生产低碳烷烃产品。

未改性 $C_{12}A_7$ 催化剂和不同浓度高锰酸钾改性 $C_{12}A_7$ 催化剂对裂解气中烷烃选择性变化规律如图 5-8（b）所示，由图可知，相比于未改性 $C_{12}A_7$ 催化剂和改性 $C_{12}A_7$ 催化剂（0.4%-K-Mn/$C_{12}A_7$ 和 2.0%-K-Mn/$C_{12}A_7$），改性催化剂 1.0%-K-Mn/$C_{12}A_7$ 具有较高的 $C_1 \sim C_4$ 烷烃选择性和总烷烃选择性，其中总烷烃选择性达到 28.8%，明显高于其他 $C_{12}A_7$ 催化剂的总烷烃选择性（约 26.5%）。但对于戊烷产品来说，1.0%-K-Mn/$C_{12}A_7$ 催化剂的选择性明显低于其他改性 $C_{12}A_7$ 催化剂，仅为 0.9%。由上述分析可知，通过高锰酸钾改性 $C_{12}A_7$ 催化剂可提高重油裂解气中低碳烷烃的选择性和收率，且在1.0%-K-Mn/$C_{12}A_7$ 时裂解性能较优。

（4）裂解气中烯烃收率和选择性

未改性 $C_{12}A_7$ 催化剂和不同浓度高锰酸钾改性 $C_{12}A_7$ 催化剂（K-Mn/$C_{12}A_7$）对裂解气中烯烃选择性的变化规律如图 5-9 所示。

由图 5-9（a）可知，所得裂解气中轻质烯烃主要为乙烯和丙烯，同时含有一定量的丁烯和戊烯。其中，未改性 $C_{12}A_7$ 催化剂的乙烯收率较高，达到 6.7%，而改性 $C_{12}A_7$ 催化剂的乙烯收率略低，约为 6.0%。对丙烯来说，在1.0%-K-Mn/$C_{12}A_7$ 时具有较高收率，达到 7.6%，略高于其他三种 $C_{12}A_7$ 催化剂（约为 6.6%），丁烯收率变化不大，而戊烯收率相差较大，未改性 $C_{12}A_7$催化剂的产品收率仅为 0.2%，而改性 $C_{12}A_7$ 催化剂的戊烯收率达到约 1.4%，总烯烃收率为 16.0% ~ 18.3%。另外，裂解气中丁烯和戊烯收率较高，这可能是由于高锰酸钾改性 $C_{12}A_7$ 催化剂降低自由基反应活性，阻止丁

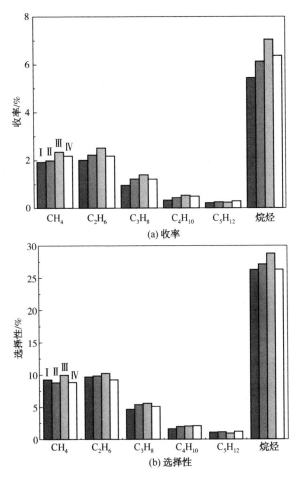

图 5-8　不同改性铝酸钙催化剂对烷烃收率和选择性的影响

注：Ⅰ—$C_{12}A_7$；Ⅱ—0.4%-K-Mn/$C_{12}A_7$；

Ⅲ—1.0%-K-Mn/$C_{12}A_7$；Ⅳ—2.0%-K-Mn/$C_{12}A_7$

烯和戊烯进一步发生裂解反应生成更小的烯烃(乙烯)，因而所得裂解气中以乙烯和丙烯为主，同时含有一定量的丁烯和戊烯。但总体来说，高锰酸钾改性 $C_{12}A_7$ 催化剂有助于提高烯烃产品收率。

四种 $C_{12}A_7$ 催化剂裂解重油所得烯烃的选择性变化规律如图 5-9(b)所示，由图可知，未改性 $C_{12}A_7$ 催化剂具有较高的乙烯和丙烯选择性，分别为 26.5% 和 31.0%，较低的戊烯选择性 0.7%。对于改性催化剂而言，1.0%-K-Mn/$C_{12}A_7$ 催化剂具有较高的乙烯和丙烯选择性，分别为 24.8% 和

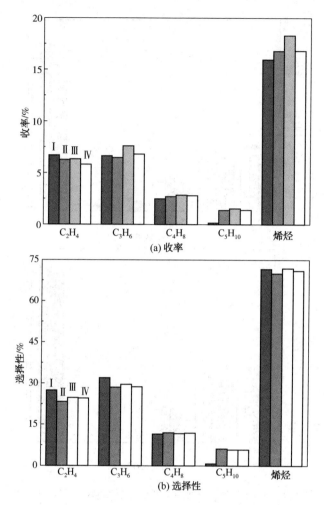

图 5-9　不同改性铝酸钙催化剂对烯烃收率和选择性的影响

注：Ⅰ—$C_{12}A_7$；Ⅱ—0.4%-K-Mn/$C_{12}A_7$；

Ⅲ—1.0%-K-Mn/$C_{12}A_7$；Ⅳ—2.0%-K-Mn/$C_{12}A_7$

29.6%，而丁烯和戊烯选择性变化不大，这可能是由于未改性 $C_{12}A_7$ 催化剂
具有较高的催化裂解活性，可通过促进 $C_4 \sim C_5$ 烯烃或烷烃裂解多产乙烯和
丙烯产品，进而裂解气中乙烯和丙烯产品选择性较高，丁烯和戊烯产品选择
性较低。总烯烃选择性呈现先增加后较小的趋势，1.0% K-Mn/$C_{12}A_7$ 催化
剂的总烯烃选择性最高，达到 71.9%。由上述分析可知，通过高锰酸钾改性
$C_{12}A_7$ 催化剂可提高裂解气中轻质烯烃产品的选择性和收率，且在催化剂为

$1.0\%-K-Mn/C_{12}A_7$ 时达到最优重油催化裂解性能。

（5）焦炭转化率与产品气组成

采用气化反应温度 800℃，气化剂为水蒸气，持续时间 70min，并在检测不到明显含碳气体产品时结束。其中用于吹扫和预热整个反应系统的时间约为 40min，吹扫气为氩气。

未改性和高锰酸钾改性 $C_{12}A_7$ 催化剂表面焦炭转化率和产品气组成变化规律如图 5-10 所示。由图可知，未改性 $C_{12}A_7$ 催化剂产品气中 $H_2$ 和 $CO_2$ 产品收率 81.5%（体积），而改性 $C_{12}A_7$ 催化剂产品气中 $H_2$ 和 $CO_2$ 产品收率提高到 83.0%（体积），其中 $H_2$ 产品收率提高 1 个百分点［达到 57.5%（体积）］，$CO_2$ 产品收率降低约 1.9 个百分点，达到约 24.8%（体积），CO 收率约 16.0%（体积），使得产品气中 $H_2/CO$ 比较高（约 3.6），$CH_4$ 产品收率较低［约为 0.7%（体积）］，这可能是由于在较高气化反应温度下（800℃），水蒸气重整反应和甲烷分解反应要明显强于甲烷化反应。对于焦炭催化气化转化来说，高锰酸钾改性 $C_{12}A_7$ 催化剂（约 95.0%）要明显高于未改性 $C_{12}A_7$ 催化剂（92.5%），通过上述裂解气化性能分析可知，高锰酸钾改性 $C_{12}A_7$ 催化剂同样具有兼顾裂解–气化的双功能特性，但只能在一定程度上调控产物分布。

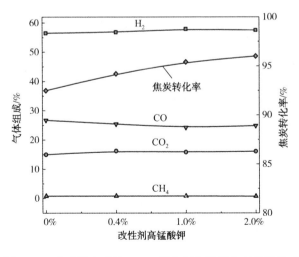

图 5-10　未改性和改性 $C_{12}A_7$ 催化剂焦炭催化产品气组成

## 5.3　本章小结

　　未改性 $C_{12}A_7$ 催化剂和锰改性 $C_{12}A_7$ 催化剂（$Mn/C_{12}A_7$）裂解气化重油，通过研究发现，在测试温度条件下，未改性 $C_{12}A_7$ 催化剂具有较高重油转化率和 $C_2 \sim C_4$ 烯烃选择性以及轻质油收率，这主要是由于未改性 $C_{12}A_7$ 催化剂具有较高的脱氢性能和催化裂解性能。对于锰改性 $C_{12}A_7$ 催化剂（$Mn/C_{12}A_7$）具有较适宜的催化裂解活性，液体油收率达到约 68.0%。相比于未改性 $C_{12}A_7$ 催化剂的 $C_2 \sim C_4$ 烯烃选择性为 63.4%，$C_4 \sim C_5$ 烃类收率为 3.0%；改性 $C_{12}A_7$ 催化剂在硝酸锰添加量为 0.4%（即 0.4%-$Mn/C_{12}A_7$）时，$C_2 \sim C_4$ 烯烃选择性略有增加，达到 66.9%，$C_4 \sim C_5$ 烃类收率基本无变化，在硝酸锰添加量达到 1.0% 和 2.0%（1.0%-$Mn/C_{12}A_7$ 和 2.0%-$Mn/C_{12}A_7$）时，$C_2 \sim C_4$ 烯烃选择性显著降低，分别达到 40.1% 和 25.1%，同时，$C_4 \sim C_5$ 烃类收率明显增加，约 11.5%，进而可实现调控裂解产物分布。在 800℃ 水蒸气条件下，催化剂表面积炭可被较好的气化，产品气中 $H_2$ 和 $CO_2$ 收率达到 83%（体积），基本无 $CH_4$。此外，再生 $C_{12}A_7$ 催化剂表现出较稳定的裂解活性或碱强度。

　　通过高锰酸钾浸渍改性 $C_{12}A_7$ 催化剂对重油裂解产物分布情况的影响规律，研究发现改性 $C_{12}A_7$ 催化剂的碱度和总碱量，比表面积以及孔道结构略有降低，裂解结果表明高锰酸钾改性 $C_{12}A_7$ 催化剂裂解重油，获得较高的裂解气收率，较低的液体油收率，且汽油收率显著降低，柴油和减压蜡油收率变化不大，而未反应重油收率显著提高，烷烃收率和选择性显著提高，烯烃收率和选择性提高较小，这可能是由于高锰酸钾改性 $C_{12}A_7$ 催化剂可一定程度降低烷烃脱氢活性，从而抑制裂解气中烃类进一步脱氢产生小分子烯烃，使得裂解气中烷烃收率较高。由此表明，高锰酸钾改性 $C_{12}A_7$ 催化剂，可在一定程度上对裂解产物进行调控，但调控能力明显弱于硝酸锰改性 $C_{12}A_7$ 催化剂。

# 6

## ▶▶▶ 碱性待生催化剂气化反应
## 条件优化及气化反应机理

目前，石油焦气化技术是石油焦高效转化的理想途径。重油炼制过程中不可避免会产生大量的焦炭，而通过焦炭催化气化技术，可将裂解产生的焦炭转化为富氢合成气和再生催化剂。由于焦炭气化为吸热反应，为了保证高的焦炭气化反应速率，通常需要较高的气化反应温度(>900℃)。但是高温带来了设备结构复杂、材质升级和投资剧增等缺陷。催化气化技术被认为是降低气化反应温度、提高气化反应活性的有效途径，碱(土)金属不仅可以促进焦炭的气化反应，而且可以促进水煤气变换反应，且产品气以 $H_2$ 和 $CO_2$ 为主。Wu 等研究了 $K_2CO_3$ 在650~850℃范围内催化石油焦/水蒸气气化反应特性，研究发现：产品气以 $H_2$ 和 $CO_2$ 为主，且 CO 含量很低，其中 $H_2$/CO 比值高达3.1~16.3，适于用来制备氢气，盖希坤等研究发现相同的产品气组成及变化规律。刘峤等研究 CaO 掺混比对石油焦/$CO_2$ 气化性能的影响，研究发现提高 CaO/石油焦掺混比，石油焦/$CO_2$ 气化活性呈先增加后降低的变化趋势，在 CaO/石油焦掺混比为4%时，石油焦催化气化活性达到最佳。

到目前为止，研究者大多采用热天平装置对石油焦气化或催化气化特性进行研究，主要考察不同反应条件(如气化剂或气化温度等)对石油焦气化速率以及转化率的影响，缺乏对产品气组成变化规律的研究。此外，所报道的石油焦气化研究主要考察单气化剂(如二氧化碳、水蒸气等)或双气化剂

(如水蒸气与二氧化碳混合气)对石油焦气化反应特性的影响；取得了较多石油焦或煤焦气化特性的研究成果，但对更贴近工业应用的石油焦与水蒸气+氧气混合气催化气化制备合成气的研究较少。

本研究采用铝酸钙作为重油催化裂解-气化的双功能碱性催化剂，因而碱性待生催化剂气化反应是一个研究重点，其决定着整个重油催化裂解-气化耦合工艺的合理性、先进性和经济性。首先选用一套固定床气化反应装置对碱性待生催化剂气化反应条件进行研究，获得最优的焦炭催化气化反应条件、气化剂(水蒸气或水蒸气/氧气混合气)选配比例以及气化时间，为碱性待生催化剂流化催化气化反应和工业应用提供指导和参考。然后再采用一台高温水蒸气热重分析仪对不同类型石油焦(石油焦、石油焦与碱性剂掺混、石油焦负载碱性剂)进行水蒸气催化气化性能的对比研究，根据不同类型石油焦的催化气化数据，并结合实验室前期在气化方面的研究成果，提出一种普适性更强的碳-水蒸气催化气化反应理论，并对新碳-水蒸气催化气化理论的应用。

# 6.1　碱性待生催化剂气化反应条件优选

本部分以重油(减压渣油)催化裂解生成的碱性待生催化剂为气化原料，在固定床反应器内，考察待生催化剂粒度、进水蒸气、气化反应温度以及混合气体比例等因素对催化剂表面焦炭催化气化反应的影响。在高温水蒸气热重分析仪上，考察气化时间对碱性待生催化剂气化反应性能的影响。

## 6.1.1　气化温度对气化特性的影响

气化反应温度是碱性待生催化剂气化反应的重要参数，气化温度高低不仅影响催化剂气化反应速率，而且影响产品气产物组成。本部分选择重油催化裂解后的负焦催化剂作为气化原料(约 20 g)，水蒸气作为气化剂，气化反应时间为 30min，碱性待生催化剂粒径 100~120 目，进水蒸气速率 2.5L/min，考察气化温度对碱性待生催化剂气化反应性能的影响，气化温度选择 700~850℃。

(1) 气化温度对焦炭转化率的影响

气化温度对碱性待生催化剂上焦炭转化率变化规律如图 6-1 所示。由图可知，随着气化温度从700℃提高到825℃，相同的气化时间内，碱性待生催化剂上焦炭转化率和气化反应速率显著提高，即在气化温度700℃时，碱性待生催化剂上焦炭转化率为51.9%，明显高于分子筛催化剂的焦炭转化率，由此表明，碱性催化剂可有效降低催化剂表面积炭气化反应温度；而气化反应温度提高到800℃，焦炭转化率显著提高，达到88.0%；但当气化反应温度提高850℃时，在气化反应时间为15min时，已无明显气体产出，并且转化率也达到99.9%。

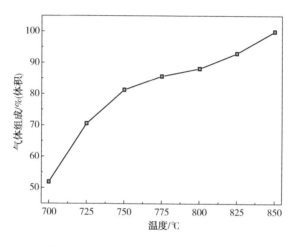

图6-1　气化温度对焦炭转化率的影响

　　裂解产生的焦炭与水蒸气反应为典型的吸热反应，即提高反应温度，有利于提高气化反应速率。通过查阅文献可知，气化温度对碱性待生催化剂上焦炭转化率的影响主要包括：①较高的气化反应温度，碱性催化剂表面的[O]$_s$活性位活性逐渐增强，可有效降低焦炭与水蒸气发生气化反应所需活化能，进而提高碱性待生催化剂上焦炭催化气化反应速率和焦炭转化率；②随着气化温度逐渐升高，在高温条件下，水蒸气会发生解离反应，生成·H和·OH自由基，且·OH自由基具有较强的氧化性，可有效促进碱性待生催化剂的气化反应过程，进而焦炭转化率显著提高。因此，碱性催化剂表面焦炭转化率呈现如图6-1所示的变化规律。由此表明，碱性催化剂不仅具有重油催化裂解性能，而且还可有效地促进焦炭催化气化转化为富氢合成气，进一步体现其具有双功能(兼顾裂解和气化)特性。

（2）气化温度对产品气组成的影响

气化温度对产品气组成的影响规律如图6-2所示。由图可知，气化温度由700℃提高到850℃，产品气中$H_2$和CO收率逐渐增加，$CO_2$收率逐渐减少，而$CH_4$收率变化不明显。例如：700℃时，$H_2$和$CO_2$收率分别为56.9%和26.9%（体积），CO收率15.9%（体积），$CH_4$收率为0.3%（体积）；而当气化温度提高到850℃时，$H_2$和CO收率提高到59.6%（体积）和18.0%（体积），$CO_2$收率降低到22.0%（体积），$CH_4$收率变化量不大[约0.4%（体积）]。

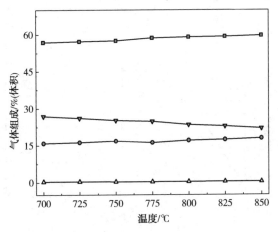

图6-2　气化温度对产品气组成的影响

注：■—$H_2$；●—CO；▽—$CO_2$；△—$CH_4$

由图6-3可知，产品气中$H_2$和CO收率逐渐升高，$CO_2$收率逐渐降低，这可能是由于水煤气反应（$C+H_2O \Longrightarrow CO+H_2$）为主要的焦炭/水蒸气气化过程，由图6-3（a）可知，在气化温度从700℃提高到850℃过程中，水煤气反应自由能逐渐降低（小于0 kJ），气化平衡常数逐渐增大，由此表明在气化温度高于630℃，水煤气反应可自发进行，因此，气化温度逐渐提高，焦炭催化气化反应速率显著提高，产品气中$H_2$和CO收率逐渐增加。另外，$CO_2$与焦炭反应（$C+CO_2 \Longrightarrow 2CO$）为吸热反应，气化反应温度升高，有利于还原反应的进行，从而$CO_2$收率逐渐减少。而水汽变换反应（$CO+H_2O \Longrightarrow H_2+CO_2$）为放热反应，因而提高气化反应温度，不利于水汽变换反应的进行，这主要是由于水汽变换反应（$CO+H_2O \Longrightarrow H_2+CO_2$）的平衡常数和自由能呈现与水煤气反应($C+H_2O \rightleftharpoons CO+H_2$)相反的趋势,由图6-3(b)可知,本研究采用的气化温度,水汽变换反应的自由能均小于0 kJ,且平衡常数较小。由上述分析可知,提高气化反应温度,有利于增加产品气中$H_2$和CO收率,降低$CO_2$收率。另外水蒸气重整反应($CH_4+H_2O \rightleftharpoons CO+H_2$)为吸热反应,甲烷化反应($C+2H_2 \rightleftharpoons CH_4$)为放热反应。因此,从热力学方面考虑,提高气化反应温度,水蒸气重整反应要强于甲烷化反应,从而产品气中$CH_4$收率相对较低。综合反应速率和目标产物两方面考虑,适当高的气化反应温度,有利于提高碱性待生催化剂的气化反应速率。

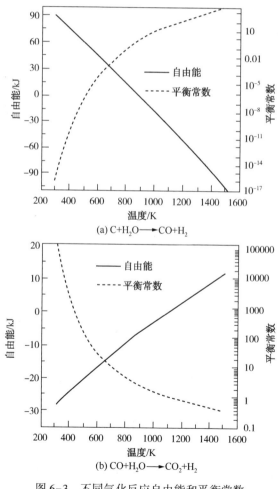

图6-3 不同气化反应自由能和平衡常数

## 6.1.2 碱性催化剂粒度对气化特性的影响

研究采用的碱性催化剂(铝酸钙)比表面积和总孔容积相对较小,因而催化剂外表面积要明显大于其内表面积,在碱性待生催化剂气化反应过程中,气化剂会通过外部扩散至碱性待生催化剂表面发生气化反应,因此,碱性待生催化剂粒径大小会对水蒸气气化反应产生较大影响。本部分选择重油催化裂解后的碱性催化剂作为气化原料(约20 g),水蒸气为气化剂,气化温度选择800℃,进水蒸气2.5L/min,气化反应时间30min,考察不同碱性待生催化剂粒径对气化反应性能的影响,待生催化剂粒径选择40~60目、60~80目、80~100目、100~120目、120~150目以及>150目。

(1) 碱性待生催化剂粒径对焦炭转化率的影响

碱性待生催化剂粒径对表面焦炭催化气化转化率的影响规律如图6-4所示。由图所知,表面焦炭转化率随着碱性催化剂粒径的减小呈现先逐渐增加后逐渐趋于稳定,当碱性催化剂粒径在大于100~120目时,其表面焦炭转化率随着粒径的降低而逐渐增加,在催化剂粒径小于100目时,表面焦炭转化率约为88%。

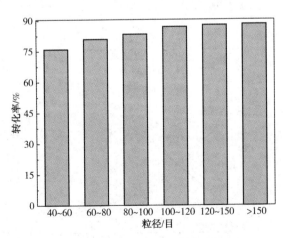

图6-4 焦粒度对焦炭转化率的影响

催化剂表面积炭与水蒸气发生气化反应主要经过以下几个过程:

① 气化剂扩散到催化剂表面;

② 气化剂从催化剂外表面扩散到内表面；

③ 反应产物被吸附在催化剂内表面；

④ 生成的反应产物发生脱附反应；

⑤ 反应产物在催化剂外表面富集；

⑥ 生成的反应产物扩散到气流主体。

因此，整个焦炭催化气化反应速率的快慢取决于反应速率相对较慢的步骤。当碱性待生催化剂的粒度较大时，焦炭催化气化反应过程会受到颗粒传热以及传质因素的影响，而且颗粒越大，其传热和传质能力越差，水蒸气扩散到焦炭表面(尤其是内表面)的能力较差，进而影响到焦炭催化气化转化率(转化率较低)。但当碱性待生催化剂的粒径较小时，可有效消除颗粒传热和传质的影响，因而焦炭催化气化反应主要受气化反应动力学速率控制(转化率稳定)。因此，在碱性待生催化剂粒径小于100目时，焦炭转化率较低，由此表明扩散和传热对焦炭催化气化反应影响较大，当碱性待生催化剂粒径大于100目时，焦炭转化率基本趋于稳定，由此表明整个气化过程消除内外扩散对碱性催化剂上积炭转化的影响。

（2）碱性待生催化剂粒径对产品气组成的影响

碱性待生催化剂粒径对产品气组成的影响规律如图6-5所示。由图可知，在碱性待生催化剂粒径从40~60目增加到>150目时，产品气中$H_2$和$CO_2$收率呈现逐渐增加的趋势，CO收率呈现逐渐减小的，$CH_4$收率基本不变的趋势。其中，$H_2$收率从56.8%(体积)增加到59.0%(体积)，$CO_2$收率从23.2%增加到25.1%(体积)，CO收率从18.0%(体积)减小到15.0%(体积)，$CH_4$收率低于0.5%(体积)，这可能是由于在800℃下，蒸汽重整反应强于甲烷化反应，且甲烷易发生分解反应，因此，产品气中甲烷体积含量较低。

碱性待生催化剂水蒸气气化过程中，在碱性待生剂粒径较大时，在水蒸气气化过程中，气化剂与焦炭接触比表面积相对较小，致使催化剂上积炭的传热和传质能力相对较差，与此同时，气化剂的扩散阻力也较大。碱性待生催化剂粒径较小(>100目)时，基本消除扩散对焦炭催化气化的影响，此时整个焦炭催化气化反应速率主要由气化动力学控制，产品气组成变化不大。

由上述分析可知，碱性待生催化剂粒径较大不利于其表面焦炭催化气化，因此，考虑到碱性催化剂的双功能(催化裂解和气化反应)特性，碱性待生催化剂粒径大于100目(小于150μm)时，可有效消除扩散对气化反应的影响，同时使得碱性催化剂在重油裂解过程中具有较好的流化状态。

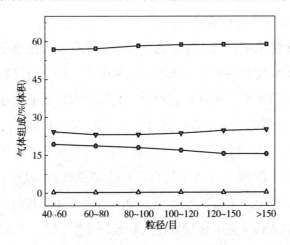

图 6-5　焦粒度对产品气组成的影响

注：■—$H_2$；●—$CO$；▼—$CO_2$；△—$CH_4$

### 6.1.3　进水蒸气速率对气化特性的影响

　　碱性待生催化剂与水蒸气气化反应过程中，在进入反应器的水蒸气速率较低时，气化剂(水蒸气)的扩散阻力较高，不利于催化剂表面积炭的去除。提高进水蒸气速率，可有效地降低气化剂(水蒸气)的扩散阻力和催化剂颗粒外浓度边界层，从而增加催化剂上积炭与气化剂(水蒸气)的接触机会和接触面积，从而提高焦炭的转化率和催化剂气化反应速率。本部分选用重油催化裂解后的负焦催化剂作为气化原料(约20g)，水蒸气为气化剂，气化温度选择800℃，气化反应时间30min，碱性待生催化剂粒径100~120目，考察进水蒸气对碱性待生催化剂气化反应性能的影响，进水蒸气分别选择1.2L/min、1.9L/min、2.5L/min、3.1L/min以及3.9L/min。

　　(1) 进水蒸气速率对焦炭转化率的影响

　　进水蒸气对碱性待生催化剂上焦炭催化气化转化率的影响规律如图6-6

所示。由图可知，随着进水蒸气逐渐增加，碱性待生催化剂上焦炭转化率呈现先增加后趋于稳定，维持在88.0%左右。这主要是由于碱性待生催化剂上焦炭与水蒸气发生气化反应，气化剂(水蒸气)需经过从气相扩散和吸附到催化剂表面，然后再发生焦炭/水蒸气气化反应，在水蒸气摄入量较低时，气化剂(水蒸气)在焦炭表面的流速相对较低，不能充分实现气化剂(水蒸气)与催化剂上焦炭充分接触，进而影响到碱性待生催化剂上焦炭转化率。随着水蒸气摄入量增加，气化剂(水蒸气)扩散效应对焦炭催化气化反应的影响逐渐消除，此时，碱性待生催化剂上的焦炭转化率呈现逐渐增加的趋势。但当水蒸气摄入量增加到一定值，气化剂(水蒸气)的扩散效应对焦炭催化气化反应的影响被消除，可实现气化剂(水蒸气)与催化剂上焦炭的充分接触，因此，即便再增加水蒸气摄入量，碱性待生催化剂上的焦炭转化率基本趋于稳定。由上述分析可知，在进水蒸气为2.5L/min时，碱性待生催化剂上焦炭转化率基本趋于稳定(约88.0%)，这可能是由于气化剂(水蒸气)的扩散效应对焦炭催化气化反应的影响已基本被消除。

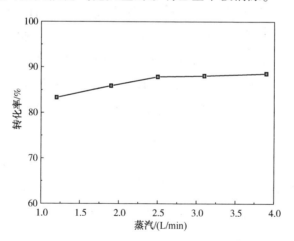

图6-6 进水蒸气速率对焦炭转化率的影响

(2)进水蒸气速率对产品气组成的影响

进水蒸气对焦炭催化反应所得产品气组成的影响规律如图6-7所示。

由图6-7可知，随着进水蒸气速率逐渐增加，$H_2$和$CO_2$收率略有增加，CO收率略有降低，而$CH_4$收率变化不大。在进水蒸气速率从1.0g/min增加

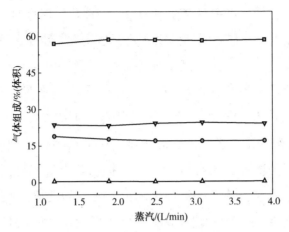

图 6-7　进水蒸气速率对产品气组成的影响

注:■—$H_2$;●—CO;▼—$CO_2$;△—$CH_4$

到 3.0g/min，所得产品气中 $H_2$ 收率从 57.0%(体积)增加到 58.5%(体积)，$CO_2$ 收率从 23.6%(体积)增加到 24.2%(体积)，CO 收率从 18.9%(体积)降低到 17.0%(体积)。$CH_4$ 收率基本不变[低于 0.5%(体积)]。随着进水蒸气添加量逐渐增加，$H_2$ 收率增加，而 CO 收率减小，这可能是由于水蒸气量逐渐增加，促进水煤气反应($C + H_2O \Longrightarrow CO + H_2$)和水汽变换反应($CO+H_2O \Longrightarrow H_2+CO_2$)，且水汽变换反应速率高于水煤气反应速率，进而呈现 $H_2$ 和 $CO_2$ 收率逐渐增加，CO 收率逐渐减小的变化趋势。另外，$CH_4$ 收率变化较小，从热力学方面考虑，反应体系内氢气含量较高，有利于甲烷化反应($CO+3H_2 \Longrightarrow CH_4+H_2O$)和焦炭加氢气化反应($C+2H_2 \Longrightarrow CH_4$)，但由于在较高气化反应温度条件下(800℃)，水蒸气重整反应要明显强于甲烷化反应，并且在高温条件下，甲烷易发生分解反应，因此不利于甲烷收率的增加。由上述分析可知，适当的增加水蒸气的添加量，有助于提高产品气中 $H_2$ 和 $CO_2$ 收率，适于制备富氢合成气。但当水蒸气添加量过多，不仅增加整个气化反应系统能耗，而且降低气化反应温度和碱性待生催化剂上积炭的去除率。因此，综合焦炭转化率和产品气组成等方面考虑，水蒸气添加量在 2.5L/min 较适宜。

### 6.1.4　气化时间对气化特性的影响

为了更好地观察气化反应时间对碱性待生催化剂气化反应的影响，选用高温水蒸气热重分析仪对碱性催化剂上焦炭催化气化进行研究(气体组成没办法检测)。本部分采用重油催化裂解后的负焦催化剂作为气化原料,水蒸气为气化剂,气化温度800℃[升温速率约为 20K/min 升到 800℃,再在恒温条件下通入气化剂(水蒸气)],碱性待生催化剂粒径为 100~120 目,水蒸气流速为 40mL/min,主要考察不同气化反应时间对碱性待生催化剂气化反应性能的影响。

气化时间对碱性待生催化剂上焦炭转化影响规律如图 6-8 所示。由图可以看出,在 400℃时开始出现失重,这可能是由于裂解过程中残留在铝酸钙催化剂上吸附的重焦油发生裂解反应所导致。在气化温度达到 800℃时,通过气化剂(水蒸气)后约 20min 碱性催化剂上焦炭被完全转化。而在流化床反应器中焦炭催化气化 30min 的转化率也仅为 90.5%(表 3-4)。这可能是由于流化床反应器的结构不够优化、气/固相接触效率低。为了保证碱性催化剂上焦炭充分转化,催化剂上焦炭催化气化时间应至少控制在 30min 左右,与分子筛催化剂气化反应时间相当。由上述分析可知,本研究重油催化裂解-气化耦合工艺,应采用催化剂两段气化反应的方式,即首先通过气化剂除掉碱性催化剂上大部分焦炭,多产富氢合成气,然后再通过纯氧燃烧的方式除掉残留的焦炭,实现碱性待生催化剂的完全再生。此外,在碱性催化剂气化反应过程中,通入氧气有利于快速恢复碱性催化剂的裂解活性。

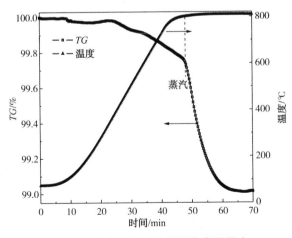

图 6-8　气化时间对焦炭转化率的影响

### 6.1.5 水蒸气/氧气混合气对气化特性的影响

(1) 氧气/水蒸气比例对气化反应特性的影响

碱性待生催化剂上焦炭与气化剂(水蒸气)反应为吸热反应,而焦炭与氧气反应为放热反应,本部分采用水蒸气搭配不同比例的氧气来再生碱性催化剂,而添加不同比例氧气进入气化系统,有助于调节焦炭催化气化反应活性和产品气选择性。另外,气化剂采用水蒸气搭配不同比例氧气共气化焦炭,更贴近工业实际应用。本部分采用重油催化裂解后的负焦催化剂作为气化原料(约 20 g),进水蒸气速率为 2.5L/min,气化温度为 800℃,气化反应时间为 30min,碱性待生催化剂粒径为 100~120目,主要考察不同氧气/水蒸气比例对碱性待生催化剂气化反应性能的影响。

不同比例氧气与水蒸气混合气对碱性待生催化剂焦炭转化率的影响规律如图 6-9 所示。由图可知,随着气化剂中氧气/水蒸气比例逐渐增加,碱性待生催化剂上焦炭转化率呈现逐渐增加的变化趋势,在水蒸气/氧气比例为水蒸气-10%(体积)氧气和水蒸气-12%(体积)氧气时,焦炭转化率增加速率有所变缓。此时,在气化剂组成为水蒸气-2.0%(体积)氧气时,碱性待生催化剂上焦炭转化率为 93.9%,平均气化率[平均气化率=$m$(焦炭转化率)/$t$(反应时间),其中气化时间为 30min]为 3.1%/min,相比图 6-5 中焦炭转化率提高 2 个百分点;在气化剂组成变化到水蒸气-12%(体积)氧气时,碱性待生催化剂上焦炭转化率达到 99.7%,平均气化率提高到 3.3%/min,焦炭转化率提高了约 10%,这可能是由于在气化剂中氧气所占比例,促进了催化剂上焦炭与氧气反应(放热反应),提高气化反应温度,进而焦炭催化气化转化率明显提高;再就是气化剂中添加氧气,为碱性催化剂(铝酸钙)中氧活性催化位提供氧源,提高碱性催化剂上焦炭催化气化转化率。由此表明,在气化剂中添加氧气组分,可有效地提高碱性待生催化剂上焦炭转化率,进而减少碱性催化剂气化反应时间和提高焦炭催化气化转化效率。

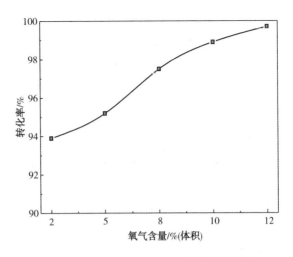

图 6-9　氧气添加比例对焦炭转化率的影响

（2）氧气/水蒸气比例对产品气组成的影响

不同比例氧气与水蒸气混合气对产品气组成的影响规律如图 6-10 所示。由图可知，随着气化剂中氧气/水蒸气比例逐渐增加，$H_2$ 和 CO 收率逐渐降低，$CO_2$ 收率逐渐增加，而 $CH_4$ 收率变化不大。在气化剂组成为水蒸气-2.0%（体积）氧气时，$H_2$、CO、$CO_2$ 以及 $CH_4$ 收率分别为 59.5%、15.5%、0.3% 以及 24.7%（体积），当气化剂组成提高到水蒸气-12%（体积）氧气时，$H_2$、$CH_4$ 和 CO 收率减小到 51.8%、0.2% 和 33.0%（体积），$CO_2$ 收率提高到 33.0%（体积）。这主要是由于在气化剂仅有水蒸气存在时，焦炭发生水煤气反应（$C+H_2O \Longrightarrow CO+H_2$）和水汽变换反应（$CO+H_2O \Longrightarrow H_2+CO_2$），将气化剂组成变为氧气/水蒸气混合气引入气化系统，部分焦炭的燃烧和产品气放热反应（$C+1/2O_2 \Longrightarrow CO$、$C+O_2 \Longrightarrow CO_2$、$H_2+1/2O_2 \Longrightarrow H_2O$）也会参与进来。随着气化剂中氧气引入量逐渐增加，产品气中 $H_2$ 和 CO 会发生部分燃烧反应，其收率显著降低，而 $CO_2$ 收率显著提高。但将氧气引入气化系统，有利于提高焦炭催化气化温度，加快碱性催化剂反应再生速率。另外，较高的气化反应温度，使得水蒸气重整反应明显强于甲烷化反应，且在气化温度为 800℃时，$CH_4$ 会发生分解反应，进而使得产品气中 $CH_4$ 和收率不高。因此，在实际应用过程中，要控制好气化剂中氧气的引入量，这样可尽可能多的获得高质量的富氢合成气。

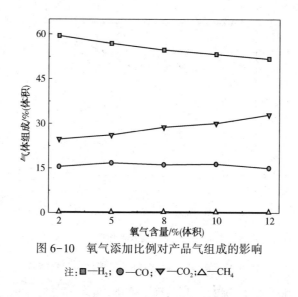

图 6-10　氧气添加比例对产品气组成的影响

注：■—$H_2$；●—CO；▼—$CO_2$；△—$CH_4$

## 6.2　碳-水蒸气气化反应理论及其应用

碳气化技术是含碳材料(煤炭、石油焦、生物质等)转化为燃料气和化工原料的主要途径，被广泛用于冶金、化工、机械等领域。众所周知，催化气化技术可有效降低焦炭初始气化温度和提高气化转化率。其中以煤催化气化技术研究最多，并取得较多研究成果，其他含碳材料(石油焦、煤焦和生物质)催化气化技术也在飞速发展。到目前为止，怎样将含碳材料尽可能多的转化为高品质合成气，受到国内外研究者的普遍关注。而搞清楚碳-水蒸气反应机理，有助于更好的指导和完善现有的碳-水蒸气气化技术，促进新气化转化技术开发和条件优化，对推动含碳材料气化转化技术的发展具有重大意义。

到目前为止，认可度较高的碳-水蒸气催化气化理论主要包括氧传递理论、反应中间体理论以及电化学理论。其中氧传递理论能够较为合理的描述碱金属(或碱土金属、过渡金属)催化碳-水蒸气反应过程，该理论认为催化剂(或金属氧化物中间体)可通过不断的氧化/还原循环过程来实现催化碳-水蒸气反应。但该理论不能合理解释气化产物中 $CO_2$ 的来源。反应中间体理论认为碱(土)金属催化碳-水蒸气反应，需要催化剂均布在焦炭表面，其催化作用主要是通过增加催化活性位数量，形成较多活性中间体，但没有降低焦炭/水蒸气气化的活化能。电化学理论认为在低于气化温度时，催化剂颗粒会在碳表面形成均布的液膜来催化碳-水蒸气反应，如果电子传递的外部孔道不存在时，则需要氧传递过程支持，因而这两种理论本质上是相似的。由上述分析可知，上述三种碳-水蒸气反应理论均具有局限性，对催化剂/石油焦掺混可促进水蒸气气化反应速率的现象不能合理解释。因此，这三种催化气化理论只能一定程度上合理的解释碳-水蒸气反应过程，但不是普适性碳-水蒸气气化机理。

因此，本部分研究基于水蒸气解离机理，提出一种新的碳-水蒸气反应理论(碳-水蒸气自由基气化理论)。本节主要通过高温水蒸气热重分析仪，对不同类型石油焦(单纯石油焦、石油焦/碱性剂掺混以及石油焦负载碱性剂)进行水蒸气气化性能进行对比，进而提出新的碳-水蒸气气化反应理论，并对新催化气化理论的应用进行阐述。

### 6.2.1 碳-水蒸气气化性能

碳-水蒸气反应通过高温水蒸气热重分析仪进行研究，采用升温速率为 20K/min，水蒸气流速为 40mL/min，实验用石油焦首先在 900℃或 1000℃下预处理 15min，以达到除掉石油焦中残留的重油组分和挥发分。本部分主要考察不同类型石油焦(单纯石油焦、石油焦与碱性剂掺混以及石油焦负载碱性剂)水蒸气气化反应性能。其中石油焦与碱性剂(CaO 或 MgO)掺混样品是经过石油焦与碱性剂(CaO 或 MgO)简单研磨方式制备，而碱性剂($Na_2CO_3$ 或 $K_2CO_3$)在高温条件下易发生熔融反应，因此，石油焦与碱性剂($Na_2CO_3$ 或 $K_2CO_3$)掺混样品是通过碱性剂($Na_2CO_3$ 或 $K_2CO_3$)先浸渍到碱性剂 MgO 上，然后再与石油焦简单研磨方式制备；石油焦与碱性剂浸渍样品是通过选择 $Ca(NO_3)_2$、$Mg(NO_3)_2$、$Na_2CO_3$ 以及 $K_2CO_3$ 等碱性剂浸渍石油焦样品。

（1）石油焦与水蒸气反应

升温速率为 20K/min，水蒸气流速为 40mL/min，石油焦(a：900℃预处理 10min；b：1000℃预处理 10min)或石墨粒径为 120 目以上时，选取低温处理石油焦和石墨为气化材料，主要是为了排除高温预处理过程是否会造成石油焦石墨化，从而对水蒸气气化反应产生影响。石油焦(a、b)或石墨

(c)水蒸气气化反应的 *TG/DTG* 曲线如图 6-11 所示。由图中石油焦(a、b)的 *TG/DTG* 曲线可知，两种石油焦均在 800℃时开始发生气化反应，石油焦(a)在 975℃时达到最快气化反应速率，且整个气化过程石油焦转化率为 100%；而石油焦(b)在约 1060℃时达到最快气化反应速率，整个气化过程石油焦转化率仅为 80.0%，由此表明，高温预处理石油焦造成石油焦样品的石墨化倾向，从而石油焦的气化转化率显著降低。石墨样品(c)气化反应活性较差，整个气化反应过程转化率仅为 7.0%。由此表明，高温预处理石油焦主要会造成部分石油焦样品石墨化。下面提到用于催化剂掺混或浸渍的石油焦均为石油焦(b)。

(2) 石油焦/碱性剂掺混与水蒸气反应

① CaO/石油焦掺混与水蒸气反应

本部分选用石油焦与不同比例的 CaO(0%、0.5%、1.0%、2.0%以及4.0%)掺混。不同比例 CaO/石油焦掺混水蒸气气化性能变化规律如图 6-12所示。由图中 *TG* 曲线可以看出，随着碱性剂 CaO 添加量从 0.5%增加到4.0%，石油焦 *TG* 曲线向低温区移动，由此表明石油焦水蒸气气化反应速率逐渐加快。从 *DTG* 曲线可以看出，在气化温度达到约 300℃时，*DTG* 曲线均出现较大波动，这可能是由于水蒸气通入反应系统造成热重天平不稳。此外，还发现有催化剂的石油焦初始气化温度较无催化剂的石油焦气化降低了约 30℃(达到约 770℃)，且达到最快气化速率的气化温度也相应向低温区移动，在碱性剂 CaO 添加量为 4.0%时，在约 1000℃时达到石油焦最快催化气化反应速率，整个催化气化过程石油焦转化率达到 93.5%。由此表明，在石油焦中添加碱性剂 CaO，可成功实现降低石油焦初始气化反应温度，提高石油焦气化反应速率和催化气化转化率。

② MgO/石油焦掺混与水蒸气反应

本部分选用石油焦与不同比例的 MgO(0%、0.5%、1.0%、2.0%以及4.0%)掺混。不同比例 MgO/石油焦掺混水蒸气气化性能变化规律如图 6-13所示。由图中 *TG* 和 *DTG* 曲线可以看出，在碱性剂 MgO 添加量小于 1.0%时，石油焦水蒸气催化气化速率提高的较少，但当碱性剂 MgO 添加量从 1.0%

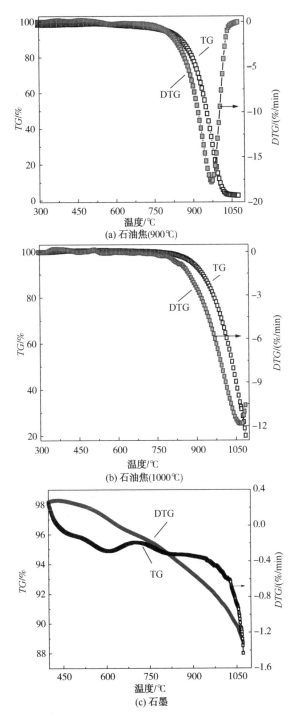

(a) 石油焦(900℃)

(b) 石油焦(1000℃)

(c) 石墨

图 6-11　石油焦或石墨与水蒸气反应的 *TG/DTG* 曲线

增加到 4.0%，催化产品气化反应速率明显加快，进而使得石油焦气化反应终止温度向低温区移动，即随着碱性剂 MgO 的添加量从 0.5%增加到 4.0%过程中，石油焦达到最快反应速率的气化温度从 1060℃降低到约 1022℃，整个气化反应过程石油焦转化率达到 91.0%，低于 CaO/石油焦掺混最大反应速率的气化温度。此外，石油焦初始气化温度较单纯石油焦降低了约 25℃（达到约 775℃），与 CaO/石油焦掺混水蒸气气化反应温度相当。由此表明，在石油焦中添加碱性剂 MgO，同样也可以降低石油焦初始气化反应温度和提高气化反应速率，但其催化气化反应速率和反应活性稍弱于碱性剂 CaO 的。

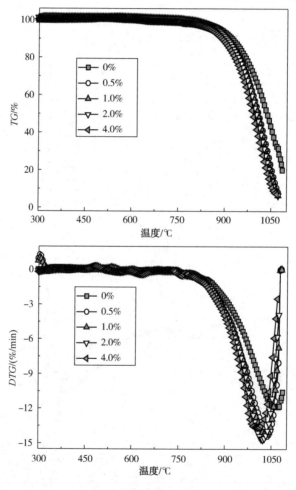

图 6-12　石油焦/CaO 掺混水蒸气气化 *TG/DTG* 曲线

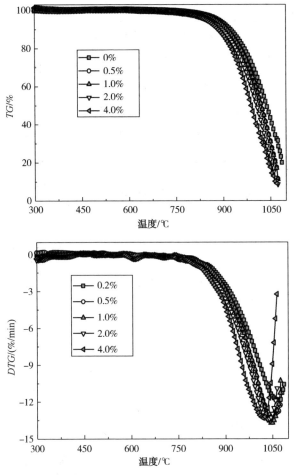

图 6-13　石油焦/MgO 掺混水蒸气气化 *TG/DTG* 曲线

③ K₂CO₃/石油焦掺混与水蒸气反应

为了消除碱性剂 $K_2CO_3$ 气化过程中会发生熔融对石油焦气化反应产生影响，因此，本部分 $K_2CO_3$/石油焦掺混选用先将碱性剂 $K_2CO_3$ 浸渍到 MgO 表面，然后再与石油焦进行混合。选用石油焦与不同比例碱性剂 $K_2CO_3$（0%、1.0%、2.0%及 4.0%）掺混，不同比例 $K_2CO_3$/石油焦掺混水蒸气气化反应性能变化规律如图 6-14 所示。

由图 6-14 中 *TG* 曲线可以看出，随着碱性剂 $K_2CO_3$ 的浸渍量逐渐增加，石油焦水蒸气催化气化反应速率逐渐提高，从而使得气化终止温度向低温区移动，整个气化反应过程石油焦转化率均达到 100%，且石油焦初始气化反应温度降低到约 750℃。从 *DTG* 曲线可知，在碱性剂 $K_2CO_3$ 掺混比例为 1.0%和2.0%时，分别在990℃和968℃时达到石油焦最快气化反应速率，当碱性剂 $K_2CO_3$ 掺混比例提高到4.0%时，达到石油焦气化最快速率的反应温度约为980℃，这可能是由于碱性剂 $K_2CO_3$ 浸渍量超过 MgO 表面最大负载量以及高温过程钾会发生挥发，从而促进石油焦气化反应有所放缓，但较 CaO/石油焦掺混方式以及 MgO/石油焦掺混方式分别降低了约20℃和40℃，由此表明，碱金属钾催化石油焦反应活性明显高于碱土金属钙和镁的反应活性。

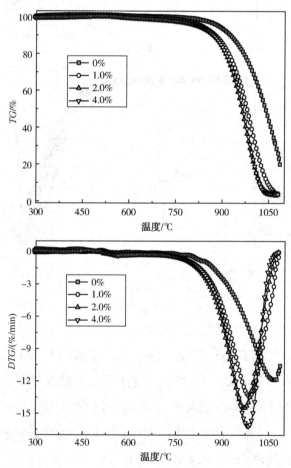

图 6-14　石油焦/$K_2CO_3$ 掺混水蒸气气化 *TG/DTG* 曲线

④ $Na_2CO_3$/石油焦掺混与水蒸气反应

为了消除碱性剂 $Na_2CO_3$ 气化过程中会发生熔融对石油焦气化反应产生

影响，因此，本部分 $Na_2CO_3$/石油焦掺混选用先将碱性剂 $Na_2CO_3$ 浸渍到 MgO 表面，然后再与石油焦进行混合。本部分选取的石油焦与碱性剂 $Na_2CO_3$ 的掺混比例为 0%、0.5%、1.0%、2.0% 以及 4.0%。不同比例 $Na_2CO_3$ 与石油焦掺混水蒸气气化性能变化规律如图 6-15 所示。

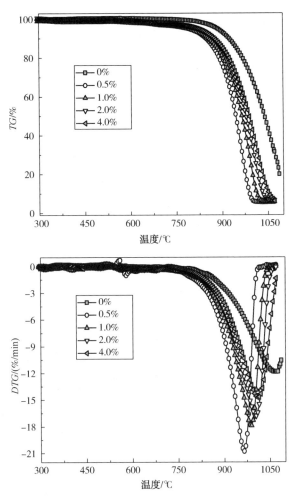

图 6-15　石油焦/$Na_2CO_3$ 掺混水蒸气气化 *TG/DTG* 曲线

由图 6-15 中 *TG/DTG* 曲线可知，随着碱性剂 $Na_2CO_3$ 添加量逐渐增加（从 0.5%提高到 4.0%），石油焦催化气化反应速率逐渐降低，这可能是由于高温条件下，$Na_2CO_3$ 易发生分解反应，$Na_2O$ 在石油焦表面容易发生吸附反应，且 $Na_2CO_3$ 掺混量逐渐增大，$Na_2CO_3$ 的分解反应及升华逐渐加剧，在石油焦上的吸附量逐渐增大，从而降低石油焦的气化速率，以及使得石油焦气化终止温度逐渐向高温区移动。即在碱性剂 $Na_2CO_3$ 添加量为 0.5%、1.0% 以及 2.0% 时，达到石油焦水蒸气气化最快速率的反应温度逐渐提高，分别约为 965℃、985℃、1000℃ 以及 1010℃。即使在碱性剂 $Na_2CO_3$ 添加量提高到 4.0% 时，达到石油焦最快气化速率的反应温度为 1010℃，较单纯石油焦与 MgO/石油焦掺混的分别降低了约 50℃ 和 12℃，由此表明，碱性剂 $Na_2CO_3$ 已经浸渍到碱性剂 MgO 表面上。此外，添加碱性剂 $Na_2CO_3$ 的石油焦气化反应的初始气化反应温度降低到 750℃，整个水蒸气催化气化反应过程中石油焦的转化率均达到 100%。由此表明，添加碱性剂 $Na_2CO_3$ 可实现石油焦样品的完全气化转化，但弱于同等比例碱性剂 $K_2CO_3$ 的催化石油焦气化性能。

（3）石油焦/碱性剂浸渍与水蒸气反应

由于 CaO 和 MgO 为固体粉末，无法实现浸渍到石油焦表面，因此，研究选用 $Ca(NO_3)_2$、$Mg(NO_3)_2$、$Na_2CO_3$ 以及 $K_2CO_3$ 作为碱性剂浸渍到石油焦上，其中 $Ca(NO_3)_2$ 和 $Mg(NO_3)_2$ 分别进行保护煅烧，进而得到不同碱性剂（CaO、MgO、$Na_2CO_3$ 以及 $K_2CO_3$）浸渍石油焦样品。

① CaO/石油焦浸渍与水蒸气反应

不同比例 CaO/石油焦浸渍水蒸气气化性能变化规律如图 6-16 所示。由图中 TG 曲线可以看出，随着碱性剂 CaO 添加量逐渐增加（从 0.5% 增加到 4.0%），石油焦水蒸气催化气化速率明显提高，且石油焦气化反应终止温度逐渐向低温区移动，石油焦初始气化反应温度降低到约 755℃。从 DTG 曲线可知，在碱性剂 CaO 浸渍量低于 1.0%，约在 1020℃ 达到石油焦最快反应速率，当碱性剂 CaO 浸渍量提高到 2.0% 和 4.0% 时，约在 970℃ 达到石油焦最快反应速率，较 CaO/石油焦掺混和单纯石油焦分别降低了约 30℃ 和 90℃，整个催化气化反应过程石油焦转化率达到 97.2%。这主要是由于碱性剂与石油焦采用浸渍方式，可实现碱性剂在石油焦表面的均匀分布，进而有利于降低石油焦达到最快反应速率的气化反应温度和反应时间，提高石油焦催化气化转化率。

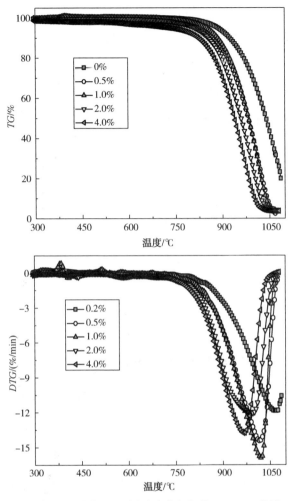

图 6-16　石油焦/CaO 浸渍水蒸气气化 *TG/DTG* 曲线

② MgO/石油焦浸渍与水蒸气反应

不同比例 MgO/石油焦浸渍水蒸气气化性能变化规律如图 6-17 所示。由图中 *TG* 曲线可以看出，随着碱性剂 MgO 添加量逐渐增加(从 0.5%增加到 4.0%)，石油焦气化反应速率逐渐提高，进而石油焦水蒸气气化终止温度逐渐向低温区移动，相比于图 6-16 中催化气化反应速率略有降低。从 *DTG* 曲线可以看出，采用不同比例碱性剂 MgO 与石油焦浸渍的初始气化反应温度约为 760℃，较掺混方式的初始气化反应温度略有降低，另外，达到石油焦催化气化最快速率的气化反应温度由掺混方式的 1020℃降低到焦浸渍方式的约 1015℃，但整个气化过程石油焦转化率提高到 97.0%。由此表明，不管是采用浸渍方式还是掺混方式，碱性剂 MgO 对提高石油焦催化气化速率方面性能较差，明显弱于碱性剂 CaO 的，但浸渍方式可实现碱性剂在焦表面的均匀分布，从而石油焦催化气化转化率显著提高。

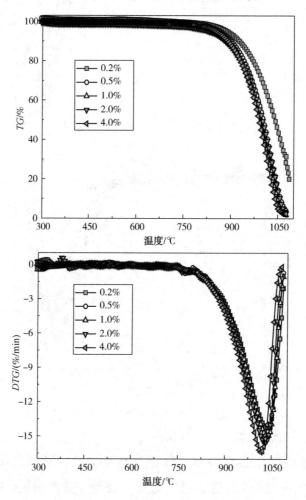

图 6-17　石油焦/MgO 浸渍水蒸气气化 *TG/DTG* 曲线

③ K$_2$CO$_3$/石油焦浸渍与水蒸气反应

本部分选取的石油焦与不同比例 K$_2$CO$_3$(0%、1.0%、2.0% 以及 4.0%)浸渍，不同比例 K$_2$CO$_3$ 浸渍石油焦水蒸气气化性能变化规律如图 6-18 所示。由图中 *TG* 曲线可知，随着 K$_2$CO$_3$ 浸渍量从 1.0% 增加到 4.0%，石油焦催化气化反应速率显著提高，从而石油焦气化终止温度逐渐向低温区移动，与此同时，不同比例 $K_2CO_3$ 浸渍石油焦样品的转化率均达到 100%。从 *DTG* 曲线可知，在碱性剂 $K_2CO_3$ 添加量为 1.0% 时，石油焦的初始气化反应温度约为 760℃，另外，在约 965℃ 时达到石油焦气化最快反应速率，明显优于同等比例下碱性剂 CaO 和 MgO 的催化气化反应性能；在碱性剂 $K_2CO_3$ 添加量提高到 1.0% 和 2.0% 时，石油焦的初始气化反应温度降低到约 700℃，达到最快气化速率的反应温度分别降低到 937℃ 和 900℃。综合石油焦与碱性剂采用浸渍或掺混方式水蒸气气化数据分析可知，碱性剂与石油焦采用浸渍方式比与石油焦掺混方式更有利于石油焦水蒸气催化气化反应的进行。

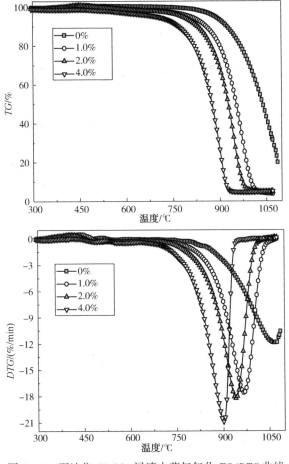

图 6-18　石油焦/$K_2CO_3$ 浸渍水蒸气气化 *TG/DTG* 曲线

④ $Na_2CO_3$/石油焦浸渍与水蒸气反应

本部分选用石油焦与不同比例碱性剂 $Na_2CO_3$（1.0%、2.0%及4.0%）浸渍，不同比例 $Na_2CO_3$/石油焦浸渍水蒸气气化性能变化规律如图6-19所示。

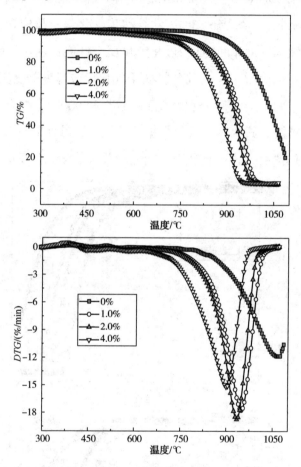

图6-19 石油焦/$Na_2CO_3$ 浸渍水蒸气气化 TG/DTG 曲线

由图中 TG 曲线可以看出，随着碱性剂 $Na_2CO_3$ 添加量逐渐增加（从1.0%提高到4.0%），石油焦催化气化反应速率显著提高，从而促使石油焦气化终止温度逐渐向低温区移动，相比于图6-16和图6-17中气化反应终止温度显著降低。从 DTG 曲线可以看出，在碱性剂 $Na_2CO_3$ 添加量为1.0%和2.0%时，石油焦的初始气化反应温度约为740℃，另外，在约950℃和930℃时达到石油焦气化反应最快速率，明显优于同等比例下碱性剂 CaO 和

MgO 的催化气化性能，与碱性剂 $K_2CO_3$ 的催化气化性能相当；在碱性剂 $Na_2CO_3$ 添加量提高到 2.0% 时，石油焦的初始气化反应温度降低到约 700℃，达到最快气化速率的反应温度分别降低到 900℃，较碱性剂 CaO 和 MgO 的最快气化反应速率显著降低，与碱性剂 $K_2CO_3$ 的速率相当。此外，整个水蒸气气化过程石油焦的气化转化率均达到 100%。通过对不同碱性剂与石油焦制备方式催化水蒸气气化性能的对比，发现不同碱性剂催化石油焦气化性能呈现 $K_2O > Na_2O > CaO > MgO$。

（4）气化动力学参数

根据上述石油焦催化气化数据分析，为了更为准确地揭示碱性剂在石油焦水蒸气催化气化过程中的作用，本部分选取相同升温速率条件下，不同类型碱性剂催化石油焦气化阶段数据，通过分别求取石油焦催化气化动力学参数，对石油焦/碱性剂催化气化反应特性进行分析。石油焦水蒸气催化气化反应为典型的气/固相气化反应，一般可使用式（6-1）来表示碳转化率与焦炭气化反应速率之间的关系，碳转化率（α）计算方法示于式（6-2）。

$$\frac{\mathrm{d}\alpha}{\mathrm{d}t} = kf(\alpha) \tag{6-1}$$

$$\alpha = \frac{w_0 - w}{w_0 - w_\infty} \times 100\% \tag{6-2}$$

式中　$t$——气化反应时间；

　　　$k$——反应速率常数；

　$f(\alpha)$——微分函数；

　　$w_0$——试样起始质量；

　　$w$——$T(t)$ 时试样质量；

　　$w_\infty$——试样最终质量。

根据 Arrhenius 公式可知：

$$k = A_0 \mathrm{e}^{\left(\frac{-E}{RT}\right)} \tag{6-3}$$

在恒定的升温速率 $\beta = \mathrm{d}T/\mathrm{d}t$ 下（20K/min），结合式（6-1）和式（6-3）

可得

$$\frac{\mathrm{d}\alpha}{\mathrm{d}T} = \frac{A_0}{\beta} \mathrm{e}^{(-\frac{E_a}{RT})} f(\alpha) \tag{6-4}$$

式中    $E_a$——活化能，kJ/mol；

　　　　$A_0$——指前因子，min。

采用 Coats-Redfern 积分法来确定催化气化动力学参数。将 $g(\alpha) = \int_0^a \frac{\mathrm{d}\alpha}{f(\alpha)}$ 代入式(6-4)中得到式(6-5)：

$$g(\alpha) = -\frac{A_0 R T^2}{\beta E_a} \times \left[ 1 - \frac{2RT}{E_a} \right] \times E_a^{(-\frac{E_a}{RT})} \tag{6-5}$$

通过对式(6-5)两边取对数及 $2RT/E_a \ll 1$，因此，式(6-5)可变换为式(6-6)：

$$\ln\left[ \frac{g(\alpha)}{T^2} \right] = \ln\frac{A_0 R}{\beta E_a} - \frac{E_a}{RT} \tag{6-6}$$

选定石油焦气化反应机理函数为一级反应 $f(\alpha) = 1 - \alpha$，由此可知，$g(\alpha) = -\ln(1-\alpha)$。通过 $\ln\left[ \frac{g(\alpha)}{T^2} \right]$ 对 $\frac{1}{T}$ 进行作图，进而式(6-6)可进一步转化为式(6-7)：

$$F(x) = ax + b \tag{6-7}$$

其中，$F(x) = \ln\left[ \frac{g(\alpha)}{T^2} \right]$，斜率 $a = -E_a/R$，截距 $b = \ln\frac{A_0 R}{\beta E_a}$。通过拟合得到线性方程，根据拟合线是否为线性，来判断选定的模型是否合理。如果拟合线为一条直线，表明线性相关系数接近 1，即选取的气化动力学模型较为合理。根据拟合直线的斜率和截距可分别计算出整个反应宏观活化能($E_a$)与指前因子($A_0$)，具体不同气化反应动力学参数计算结果如表6-1所示。

表 6-1　石油焦催化气化反应动力学参数

| 制备方式 | | 宏观活化能($E_a$)/（kJ/mol) | 指前因子（$A_0$)/min | 相关系数 $R^2$ | 动力学模型 |
|---|---|---|---|---|---|
| 单纯石油焦 | | 233.84 | $8.33\times10^8$ | 0.998 | $d\alpha/dt = 8.33\times10^8(1-\alpha)\exp(-28126/T)$ |
| 石油焦/CaO 掺混 | 0.5% | 196.98 | $1.74\times10^5$ | 0.983 | $d\alpha/dt = 1.74\times10^5(1-\alpha)\exp(-23693/T)$ |
| | 1.0% | 191.78 | $1.14\times10^5$ | 0.993 | $d\alpha/dt = 1.14\times10^5(1-\alpha)\exp(-23067/T)$ |
| | 2.0% | 194.72 | $1.56\times10^5$ | 0.992 | $d\alpha/dt = 1.56\times10^5(1-\alpha)\exp(-23421/T)$ |
| | 4.0% | 195.62 | $2.11\times10^5$ | 0.990 | $d\alpha/dt = 2.11\times10^5(1-\alpha)\exp(-23529/T)$ |
| 石油焦/MgO 掺混 | 0.5% | 196.74 | $3.86\times10^6$ | 0.998 | $d\alpha/dt = 3.86\times10^6(1-\alpha)\exp(-23664/T)$ |
| | 1.0% | 197.87 | $4.30\times10^6$ | 0.999 | $d\alpha/dt = 4.30\times10^6(1-\alpha)\exp(-23800/T)$ |
| | 2.0% | 196.12 | $3.85\times10^6$ | 0.996 | $d\alpha/dt = 3.85\times10^6(1-\alpha)\exp(-23589/T)$ |
| | 4.0% | 192.17 | $3.09\times10^6$ | 0.998 | $d\alpha/dt = 3.09\times10^6(1-\alpha)\exp(-23114/T)$ |
| 石油焦/$K_2CO_3$ 掺混 | 1.0% | 191.34 | $1.86\times10^7$ | 0.996 | $d\alpha/dt = 1.86\times10^7(1-\alpha)\exp(-23014/T)$ |
| | 2.0% | 189.84 | $1.52\times10^5$ | 0.996 | $d\alpha/dt = 1.52\times10^5(1-\alpha)\exp(-22834/T)$ |
| | 4.0% | 186.70 | $1.11\times10^5$ | 0.998 | $d\alpha/dt = 1.11\times10^5(1-\alpha)\exp(-22456/T)$ |
| 石油焦/$Na_2CO_3$ 掺混 | 0.5% | 184.92 | $1.34\times10^5$ | 0.999 | $d\alpha/dt = 3.12\times10^5(1-\alpha)\exp(-22242/T)$ |
| | 1.0% | 182.71 | $5.95\times10^4$ | 0.999 | $d\alpha/dt = 5.95\times10^4(1-\alpha)\exp(-21976/T)$ |
| | 2.0% | 183.00 | $5.96\times10^4$ | 0.997 | $d\alpha/dt = 5.96\times10^4(1-\alpha)\exp(-22011/T)$ |
| | 4.0% | 188.04 | $8.26\times10^4$ | 0.998 | $d\alpha/dt = 8.26\times10^4(1-\alpha)\exp(-22617/T)$ |
| 石油焦/CaO 浸渍 | 0.5% | 195.42 | $4.24\times10^6$ | 0.997 | $d\alpha/dt = 4.24\times10^6(1-\alpha)\exp(-23505/T)$ |
| | 1.0% | 198.62 | $5.86\times10^6$ | 0.997 | $d\alpha/dt = 5.86\times10^6(1-\alpha)\exp(-23890/T)$ |
| | 2.0% | 193.21 | $4.64\times10^6$ | 0.997 | $d\alpha/dt = 4.64\times10^6(1-\alpha)\exp(-23239/T)$ |
| | 4.0% | 197.75 | $6.40\times10^6$ | 0.996 | $d\alpha/dt = 6.40\times10^6(1-\alpha)\exp(-23785/T)$ |
| 石油焦/MgO 浸渍 | 0.5% | 193.25 | $2.54\times10^6$ | 0.997 | $d\alpha/dt = 2.54\times10^6(1-\alpha)\exp(-23244/T)$ |
| | 1.0% | 191.53 | $2.28\times10^6$ | 0.998 | $d\alpha/dt = 2.28\times10^6(1-\alpha)\exp(-23037/T)$ |
| | 2.0% | 194.15 | $2.56\times10^6$ | 0.996 | $d\alpha/dt = 2.56\times10^6(1-\alpha)\exp(-23352/T)$ |
| | 4.0% | 192.69 | $2.75\times10^6$ | 0.995 | $d\alpha/dt = 2.75\times10^6(1-\alpha)\exp(-23176/T)$ |
| 石油焦/$K_2CO_3$ 浸渍 | 1.0% | 190.00 | $1.86\times10^5$ | 0.999 | $d\alpha/dt = 1.86\times10^5(1-\alpha)\exp(-22853/T)$ |
| | 2.0% | 191.67 | $3.63\times10^5$ | 0.999 | $d\alpha/dt = 3.63\times10^5(1-\alpha)\exp(-23054/T)$ |
| | 4.0% | 192.62 | $1.03\times10^6$ | 0.998 | $d\alpha/dt = 1.03\times10^6(1-\alpha)\exp(-23168/T)$ |
| 石油焦/$Na_2CO_3$ 浸渍 | 1.0% | 188.69 | $2.49\times10^5$ | 0.997 | $d\alpha/dt = 2.49\times10^5(1-\alpha)\exp(-22696/T)$ |
| | 2.0% | 189.08 | $6.79\times10^5$ | 0.999 | $d\alpha/dt = 3.12\times10^5(1-\alpha)\exp(-22742/T)$ |
| | 4.0% | 190.27 | $9.22\times10^6$ | 0.969 | $d\alpha/dt = 9.22\times10^6(1-\alpha)\exp(-22886/T)$ |

由表 6-1 可知,所有气化动力学参数均具有高的相关系数和好的线性拟合度,由此表明,选用一级气化动力学模型模拟石油焦水蒸气气化反应过程是可行的。单纯石油焦水蒸气气化反应活化能为 233.84kJ/mol,而不同类型碱性剂(CaO、MgO、$Na_2CO_3$ 以及 $K_2CO_3$)可实现在一定程度上降低石油焦气化反应活化能(178~198kJ/mol),且碱性剂与石油焦浸渍方式的气化宏观活化能略低于碱性剂与石油焦掺混方式的;此外还发现,单纯石油焦水蒸气气化反应的指前因子(即分子碰撞频率)为 $8.33×10^8min^{-1}$,而不同碱性剂与石油焦无论是采取掺混还是浸渍方式的指前因子均显著降低($5.95×10^4$~$9.02×10^7$)。通过上述分析可知,碱性剂与石油焦不管是采用浸渍方式还是掺混方式,均可实现降低石油焦气化反应活化能,且不同碱性剂对石油焦气化活化能减小量相当,此外还发现,添加不同碱性剂均有助于降低石油焦气化初始气化反应温度,提高石油焦气化反应速率以及石油焦气化转化率。

### 6.2.2 新型碳-水蒸气气化反应理论

根据第 6.2.1 节碳-水蒸气催化气化实验研究发现,不管是采用简单搅拌掺混方式,还是浸渍方式,均对气化反应活化能影响较小,但有利于提高石油焦气化反应速率和降低初始气化反应温度。通过对现有认可度较高的三种气/固相催化气化理论(氧传递理论、反应中间体理论以及电化学理论)的研究,发现这三种理论均具有一定的应用局限性,例如,氧传递理论不能合理解释气化产物中 $CO_2$ 的来源,反应中间体理论则需要催化剂均布在焦炭表面,电化学理论需要催化剂在碳表面形成均布的液膜等。上述三种气化理论对催化剂与石油焦简单掺混可提高石油焦气化反应速率和转化率,降低初始气化反应温度,均不能作出合理解释。

通过前期气化研究发现,石油焦催化气化是一个复杂的反应过程,例如石油焦的活性比表面积、催化剂类型等,均会对气化反应速率产生影响,但不是影响气化反应速率决定性因素。查阅文献可知，水蒸气中 O—H 键的键能为 463.4kJ/mol，而水蒸气的电离能为 12.6eV，即电离（异裂）1 mol 水蒸气需要的能量为 1213.6 kJ，而解离（均裂）1 mol 水蒸气仅需 463.4 kJ，例如选取气化反应温度为 800℃ 时，根据公式 $K = k_0 \times e^{(-E/RT)}$ 可以计算得到 $K_{均裂}/K_{异裂} = 3.29 \times 10^{36}$（水蒸气解离常数恒定），由此表明，在同样的气化反应条件下，水蒸气解离（均裂）反应比电离（异裂）反应更易发生。因此，在整个石油焦催化气化过程中主要发生水蒸气的解离（均裂）反应。根据课题组前期研究成果，结合现有气化数据，提出基于水蒸气解离机理（生成·H 和·OH 自由基）的新碳-水蒸气催化气化理论，该催化气化理论认为：在适宜气化温度条件下，水蒸气首先吸附在碱性催化剂表面发生解离（均裂）过程，生成高反应活性的·H 和·OH 自由基，其中·OH 自由基为非选择性氧化剂，氧化性极强（氧化电位 2.8V）。水蒸气在碱性剂表面解离生成·H 和·OH 自由基过程如图 6-20 所示。

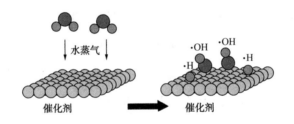

图 6-20　碱性剂表面水蒸气解离示意图

在较低气化反应温度下（反应初始阶段），水蒸气吸附在碱性剂的表面，而碱性剂通过降低水蒸气的解离能，促使水蒸气缓慢均裂解离生成高反应活性的·OH 自由基，降低石油焦初始气化反应温度；随着气化反应温度逐渐提高，气化反应体系中水蒸气的解离度逐渐提高，·OH 自由基浓度显著增加，进而石油焦气化反应速率和气化转化率明显加快。因此，气化反应体系中·OH 自由基浓度高低（即水蒸气解离程度快慢）直接影响碳-水蒸气催化气化反应速率。

通常来说，自由基反应主要分为三个阶段：链的引发、链的增长和链的终止，且反应速率很快。此外，碳与水蒸气反应气体组成主要为 $H_2$、CO 以及 $CO_2$，在只考虑这几种气体的情况下，认为碳-水蒸气催化气化可分为以下几个阶段：

链的引发：在反应温度达到一定值，水蒸气分子首先扩散到催化剂（或碳）表面，在催化剂（或碳）表面吸附发生均裂反应，解离成反应活性很高的 ·H 和 ·OH 自由基。

$$H_2O \Longleftrightarrow \cdot H + \cdot OH \qquad (6-8)$$

链的增长：生成的 ·H 和 ·OH 自由基脱附，扩散到气相主体中，·OH 自由基瞬间被临近的碳原子吸附，生成碳氧活性中间体；碳与 ·OH 自由基生成的碳氧活性中间体 C(O) 具有高的反应活性，可发生自身转化生成 CO，另外，生成的部分碳氧活性中间体 C(O) 与 ·OH 自由基可继续反应，生成 $CO_2$ 和 ·H，然后 $CO_2$ 和 ·H 再扩散到气相反应主体中。

$$C + \cdot OH \Longleftrightarrow C(O) + \cdot H \qquad (6-9)$$

$$C(O) + \cdot OH \longrightarrow CO_2 + \cdot H \qquad (6-10)$$

链的终止：·H 和 ·H 自由基相互碰撞结合生成 $H_2$，碳氧活性中间体 C(O) 自身转化生成 CO，自由基反应过程终止。

$$C(O) \longrightarrow CO \qquad (6-11)$$

$$\cdot H + \cdot H \longrightarrow H_2 \qquad (6-12)$$

新型碳-水蒸气催化气化理论可合理解释石油焦与水蒸气催化气化反应过程（包括石油焦与碱性剂掺混气化）以及产品气体组成分布情况。常规热反应生成自由基，主要是通过断裂分子键能较弱的化学键，水蒸气中 H—OH 键能较高（达到 463.4kJ/mol），因而需要足够能量断裂水蒸气中 H—OH 键，进而单纯石油焦/水蒸气气化反应速率相对较低。另外，通过表 6-1 的计算可知，有无催化剂的情况下，石油焦/水蒸气气化反应宏观活化能变化量较大；不同碱性催化剂接触方式对石油焦/水蒸气气化反应宏观活化能变化量不大，由此表明碱性催化剂对碳与·OH自由基氧化反应的促进作用较小。因此，对于新碳-水蒸气催化气化理论来说，水蒸气解离生成·H和·OH自由基为催化气化反应过程的控速步骤。

整个催化气化过程中水蒸气解离生成·OH自由基的速率常数计算式为

$$R=k \cdot C_{H_2O}=k_0 \cdot e^{-\frac{E_a}{RT}} \cdot C_{H_2O} \tag{6-13}$$

在整个碳-水蒸气气化过程中，水蒸气的浓度是恒定的（40mL/min）；由于水蒸气解离的活化能（$E_a$）即是断裂H—OH键的键能，因此，水蒸气解离活化能（$E_a$）也是恒定的，假设不同温度下水蒸气解离常数也是恒定的，通过对式（6-13）两边取对数，并对不同温度下速率常数求比值得式（6-14）。

$$\log \frac{R_x}{R_0}=\frac{E_a}{R} \times \log(e) \times \frac{T_x-T_0}{T_x \cdot T_0} \tag{6-14}$$

式中　$T_x$——不同气化反应温度；

　　　$T_0$——初始气化反应温度。

通过式（6-14）计算，不同气化反应温度下，有无碱性剂对水蒸气解离生成·OH自由基的影响规律如图6-21所示。根据图6-11~图6-18不同类型石油焦的气化数据分析可知，单纯石油焦水蒸气气化的初始气化反应温度为800℃，石油焦/碱性剂掺混水蒸气气化的初始气化反应温度降低到约775℃，而石油焦/碱性剂浸渍水蒸气气化初始气化反应温度更低，达到与750℃。由图6-21可知，随着气化温度逐渐提高，水蒸气解离生成·OH自由基的反应速率成指数增长，且添加碱性剂的·OH自由基生成速率明显高于未添加碱性剂的·OH自由基生成速率。由此表明，碱性剂可实现提高水蒸气解离度，生成更多的·OH自由基，进而表现为图6-12~图6-19中提高石油焦/水蒸气催化气化反应速率和气化转化率，降低石油焦初始气化反应温度。

### 6.2.3　新型催化气化理论的应用

根据现有气化数据及实验室前期研究成果，提出基于水蒸气解离的碳-

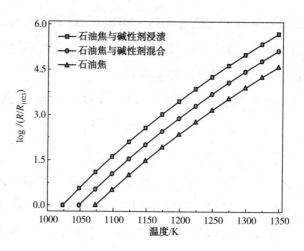

图 6-21　有无催化剂对水蒸气解离
生成·OH 自由基的影响

水蒸气催化气化反应理论，该催化气化理论可以较为合理的解释碱性催化剂与石油焦掺混，可实现降低石油焦初始气化反应温度、提高气化反应速率，且不同碱性剂催化石油焦气化性能呈现 $K_2O>Na_2O>CaO>MgO$ 的变化趋势。另外，该理论还可较为合理的解释气化产物中 $CO_2$ 的来源。将新催化气化理论应用于煤焦/水蒸气催化气化反应，能够较为合理的解释煤焦/水蒸气催化气化反应产物生成过程，明确气化反应过程中催化活性位类型(·OH 自由基)以及合理解释煤焦/水蒸气气化反应速率的变化规律。由此表明，新的碳-水蒸气催化气化理论具有较好的普适性。

## 6.3　本章小结

采用高温水蒸气热重分析仪对不同类型石油焦(石油焦、石油焦/碱性剂掺混以及石油焦负载碱性剂)进行气化研究，研究发现：碱性剂与石油焦不管是采用掺混方式还是浸渍方式，均具有降低石油焦初始气化反应温度，显著提高气化反应速率和转化率的作用，且催化气化性能呈现 $K_2O>Na_2O>CaO>$ MgO。通过对这三种气化反应动力学参数的求解，发现碱性剂的不同接触方式，对石油焦气化反应宏观活化能影响不大，但可在一定程度上提高分子碰撞频率，然而现有催化气化机理不能合理解释这个现象，作者认为，碱性剂与石油焦采用掺混方式还是浸渍方式进行催化气化反应，碱性剂首先作用于反应体系中的水蒸气，降低水蒸气解离活化能，因而可在较低气化反应温度下生成较多高反应活性的·OH 自由基，促进石油焦/水蒸气催化气化反应，从而实现提高石油焦气化反应速率和气化转化率，降低石油焦初始催化气化反应温度的目标。

# 7

### ▶▶▶ 重油碱性催化剂的 优化方向

通过对重油加工工艺和焦炭催化气化工艺分析，针对适用于重油催化裂解-气化耦合工艺的双功能催化剂进行了研究。研究了不同类型催化剂催化裂解重油转化性能，确定了适于本耦合工艺的催化剂类型，并对催化剂重油裂解反应规律以及结构类型进行优化；研究了不同原材料、焙烧温度、模板剂对碱性催化剂比表面积的影响，确定适宜的催化剂制备条件；研究了不同改性剂对碱性催化剂重油裂解性能的影响，研究了碱性待生催化剂不同气化条件下的反应特性，并提出新碳-水蒸气催化气化理论。主要结论如下：

采用流化床反应器对不同类型催化剂对重油裂解和气化性能进行考察。结果表明：在较高裂解反应温度下，石英砂(无催化活性)或 FCC 催化剂(催化活性过高)均不利于重油催化裂解同时获得较高的轻质烯烃和轻质液体油收率。铝酸钙催化剂不仅具有较适中的裂解活性，抑制催化剂结焦和较高的重油转化率，而且还可获得高收率的轻质烯烃和轻质液体油产品，碱性催化剂上焦炭可被较好的气化转化，同时降低初始气化反应温度和联产富氢合成气。因此，选用铝酸钙催化剂作为催化裂解-气化耦合工艺的双功能催化剂较适宜。工业铝酸钙催化剂和自制铝酸钙(钙/铝比为 12：7)催化剂在反应温度 700℃，水/油质量比和剂/油质量比分别为 1.0 和 7.0 时，重油催化裂解性能最优。

通过添加不同模板剂、原材料以及焙烧温度制备的铝酸钙催化剂的结构性质和晶体形态的对比，研究发现选用炭黑作为模板剂、$CaCO_3$ 与 $Al_2O_3$ 为原料以及煅烧温度为 1350℃制备的铝酸钙催化剂结构性质和晶体形态较好。采用最优条件制备的不同比表面积和水热处理铝酸钙催化剂裂解重油。结果表明大比表面积铝酸钙催化剂具有较好的裂解活性，在裂解温度为 650℃ 和剂/油质量比为 7.0 时，所得裂解气中 $C_2 \sim C_4$ 烯烃选择性达到 65.0%，催化剂表面积炭 5.2%，且重油转化率高于 92.0%。另外，水热处理铝酸钙催化剂裂解活性基本趋于稳定，同样可获得较高的液相收率和较低的气体收率。催化剂表面积炭气化在温度 800℃ 和水蒸气/氧气混合气中可被较好转化，所得的产品气中 $H_2$ 产品收率达到 58.0%（体积），$H_2/CO$ 比达到 4.5，甲烷收率少于 0.5%（体积）。经过几次循环过程后，铝酸钙催化剂催化裂解活性基本趋于稳定。

通过对铝酸钙催化剂的改性，实现对裂解产物分布调控，选用硝酸锰和高锰酸钾对铝酸钙催化剂进行改性。研究发现高锰酸钾改性铝酸钙催化剂对重油裂解产物调控弱于硝酸锰改性的铝酸钙催化剂，其中硝酸锰改性铝酸钙催化剂（$Mn/C_{12}A_7$），其重油转化率高达 92.0%，液体收率达到 65.0%。相比于未改性铝酸钙催化剂的 $C_2 \sim C_4$ 烯烃选择性为 63.4%，$C_4 \sim C_5$ 烃类收率为 3.0%；改性铝酸钙催化剂在硝酸锰添加量为 0.4%（即 0.4%-$Mn/C_{12}A_7$）时，$C_2 \sim C_4$ 烯烃选择性略有增加，达到 66.9%，$C_4 \sim C_5$ 烃类收率基本无变化，而在硝酸锰添加量达到 1.0% 和 2.0% 时，$C_2 \sim C_4$ 烯烃选择性显著降低，分别达到 40.1% 和 25.1%，同时，$C_4 \sim C_5$ 烃类收率明显增加，达到约 11.5%，从而通过硝酸锰改性铝酸钙催化剂可实现调控重油裂解产物分布。在 800℃ 水蒸气条件下，改性铝酸钙催化剂表面积炭可被较好的气化，产品气中 $H_2$ 和 $CO_2$ 收率达到 83%（体积），$CH_4$ 收率较低。此外，再生改性铝酸钙催化剂表现出较稳定的催化裂解活性或碱强度。

通过固定床反应装置和高温水蒸气热重分析仪对碱性待生催化剂气化反应进行研究，获得最优的焦炭催化气化反应条件，为碱性待生催化剂流化气化反应和工业应用提供指导和参考。研究发现：碱性催化剂上焦炭催化气化反应速率与气化温度成正比，且初始气化温度为 680℃左右。气化反应时间 30min 可较好转化碱性催化剂上焦炭。碱性待生催化剂粒径为 100~120 目和进水蒸气速率为 2.5L/min 时，可基本消除内外扩散对焦炭催化气化反应的影响。气化剂选用水蒸气/氧气混合气为气化可显著提高焦炭催化气化转化率和改变产品气组成。

根据高温水蒸气热重分析仪对不同类型石油焦(石油焦、石油焦与碱性剂掺混、石油焦负载碱性剂)水蒸气气化性能的研究。提出基于水蒸气解离机理的新型碳-水蒸气催化气化反应理论，该气化理论认为降低石油焦初始气化反应温度和提高石油焦气化反应速率，主要是由于水蒸气解离生成·OH自由基，且具有较高的催化活性，因而石油焦气化反应速率快慢与气相主体中·OH自由基体积浓度高低有关。

本书以重油(减压渣油)为原料进行了裂解催化剂以及反应条件的研究与优化，开发了一种用于分级转化重油的双功能碱性催化剂，还提出一种新的碳-水蒸气催化气化反应理论，初步完成实验室小试装置研究。但还有以下几个方面有待进一步深入研究：

碱性催化剂优化。新开发的双功能碱性催化剂具有较好的重油裂解和焦炭催化气化性能，但经过优化的碱性催化剂的比表面积仍然较低，并且碱性催化剂促进焦炭转化以及在气化过程中的作用机理需要进一步探究。不同改性碱性催化剂对重油裂解产物调控也需要进一步考察，以优化碱性催化剂配方。另外，碱性催化剂在抗污染能力、耐磨性等方面性能也需要进一步研究。

采用小型流化床对重油催化裂解-气化研究，只能一定程度上接近工业反应-再生过程。工艺的可行性验证需要在碱性催化剂可循环的反应装置上考察，进一步考察碱性催化剂重油催化裂解-气化反应性能，指导该耦合工艺放大。

流化床反应装置改进。改进重油进料方式，避免重油直接与高温裂解催化剂接触，造成过度裂解；增加流化床内部构件，实现裂解油气在流化床内停留时间可调。

中试装置设计。对重油催化裂解-气化反应实验数据进行总结，设计重油双反应管热解气化中试装置，并对实验数据进行验证。

# 参 考 文 献

［1］Castañeda L. C., Munñoz J. A. D., Ancheyta J. Combined process schemes for upgrading of heavy petroleum［J］. Fuel, 2012, 100, 110-127.

［2］Speight J. G. New approaches to hydroprocessing［J］. Catalysis Today, 2004, 98, 55-60.

［3］Gao H., Wang G., Wang H., et al. A conceptual catalytic cracking process to treat vacuum residue and vacuum gas oil in different reactors［J］. Energy Fuels, 2012, 26, 1870.

［4］罗运华，刘以红，刘国祥，等. 大港减压渣油溶剂脱沥青研究［J］. 天然气与石油，2002，7：12-13.

［5］Joshi J. B., Pandit A. B., Kataria K. L., et al. Petroleum residue upgradation via visbreaking：A review［J］. Industry Engineering Chemical Research, 2008, 47, 8960.

［6］Siskin M., Kelemen S. R., Gorbaty M. L., et al. Chemical approach to control morphology of coke produced in delayed coking［J］. Energy Fuels, 2006, 20, 2117.

［7］Furimsky E. Characterization of cokes from fluid/flexi-coking of heavy feeds［J］. Fuel Processing Technology, 2000, 67(3)：205-230.

［8］梁文杰. 石油化学［M］. 东营：中国石油大学出版社，1995.

［9］胡德铭. 流化焦化和灵活焦化译文集［C］. 石油工业部北京设计院情报组，1983：1-5.

［10］徐春明，杨朝合. 石油炼制工程(第四版)［M］. 北京：石油工业出版社，2009.

［11］沙颖逊，崔中强，王龙延，等. 重油直接裂解制乙烯的HCC工艺［J］. 石油炼制与化工，1995，26(6)：9-14.

［12］王月霞，刘水. 辽河油田杜-84稠油加工方案初探［J］. 石油炼制与化工，2001，32(11)：24-27.

［13］宦建波. 稠油加工工艺探讨［J］. 炼油工程与技术，2012，42(3)：29-32.

［14］田原宇，乔英云，刘锋. 劣质重油加工技术的挑战与对策——轻型乘用车电动化对重质油加工的影响［J］. 石油与天然气化工，2013，42(05)：463-467.

［15］康建新，申海平. 流态化焦化的发展概况［J］. 碳素技术，2005，25(3)：28-33.

［16］Parrish M. R., Hammond D. G., Citarella V. A. Fluid coking：A continuous, flexible and reliable conversion process［C］. Spring：Hydrocarbon Technology International, 1996：25-31.

［17］Allen D. E., Blaster D. E. Flexicoking of residua with syntheses gas production［C］. NPRA Annual Meeting, San Antonio, Texas. 1982(3)：1-12.

［18］李永存. 流化热裂化工艺［J］. 石油炼制与化工，1993，(01)：66-67.

[19] Allan D. E., Metrailer W. J., King R. C. Processing heavy crudes: advances in fluid and flexicoking technology [J]. Chemical Engineering Progress, 1981, 77(12): 40-44.

[20] 程义贵, 茅文星, 贺英侃. 烃类催化裂解制烯烃技术进展[J]. 石油化工, 2001, 30 (04): 311-314.

[21] Basu B., Kunzru D. Catalytic pyrolysis of naphtha [J]. Industrial Engineering Chemistry Research, 1992; 31: 146-155.

[22] Mukhopadhyay R., Kunzru D. Catalytic pyrolysis of naphtha on calcium aluminate catalysis-effect of potassium carbonate impregnation [J]. Industrial Engineering Chemistry Research, 1993; 32: 1914-1920.

[23] Nowak S., Zimmermann G., Guschel H., et al. New routes to low olefins from heavy crude oil fractions [J]. Studies in Surface Science and Catalysis, 1989; 53: 103-127.

[24] Kolombos A. J., McNeice D., Wood D. C. Olefins production [P]. U. S. A, Patent: 4111793, 1978-9-5.

[25] Kolombos A. J. Olefins production by steam cracking over manganese catalyst [P]. U. S. A, Patent: 4087350. 1978-5-2.

[26] Li Z. T., Jiang F. K., Xie C. G., et al. DCC technology and its commercial experience [J]. Petroleum & Petrochemical Today, 2001, 9 (10): 31-35.

[27] 谢朝钢, 汪燮卿, 郭志雄, 等. 催化热裂解(CPP)制取烯烃技术的开发及其工业试验 [J]. 石油炼制与化工. 2001, 32(12): 7-10.

[28] 沙颖逊, 崔中强, 王龙延, 等. 重油直接裂解制乙烯的 HCC 工艺[J]. 石油炼制与化工, 1995, 26(6): 9-14.

[29] 霍永清, 王亚民, 汪燮卿, 等. 多产液化气和高辛烷值汽油 MGG 工艺技术[J]. 石油炼制与化工, 1993, (05): 41-52.

[30] 陈祖庇, 张久顺, 钟乐染, 等. MGD工艺技术的特点[J]. 石油炼制与化工, 2002, 33 (3): 21-25.

[31] 钟乐, 霍永清, 王均华, 等. 常压渣油多产液化气和汽油(ARGG)工艺技术[J]. 石油炼制与化工, 1995, 26(6): 15-19.

[32] 李春义, 袁启民, 陈小博, 等. 两段提升管催化裂解多产丙烯研究[J]. 中国石油大学学报(自然科学版), 2007, 32(12): 118-121.

[33] Niccum P. K., Miller R. B., Claude A. M., et al. 1998 NPRA Annual Meeting, San Francisco: 1998.

［34］卢捍卫.多产丙烯的催化裂化工艺技术探讨［J］.炼油设计，2000，30(11)：10-14.

［35］Kauff D．，Bartholic D．，Steves C．，et al. Successful Application of the MSCC Process ［C］. NPRA Annual Meeting，San Antonio，1996.

［36］邱中红.剂油短时接触催化裂化工艺及催化剂［J］.炼油设计，2001，31(3)：9-12.

［37］钱伯章.德希尼布公司向S-Oil公司提供世界上第一套HS-FCC装置［J］.石油炼制与化工，2016，47(07)：91.

［38］Speight J. G. New approaches to hydroprocessing［J］，Catalysis Today，2004，98：55-60.

［39］Phillips G．，McGrath M. Residue upgrading options for Eastern Europe［C］. World Refining Association Budapest；October 13-14，1998.

［40］Wallace P. S．，Anderson M. K．，Rodarte A. I．，et al. Heavy oil upgrading by the separation and gasification of asphaltenes［C］. In：The gasification technologies conference，San Francisco，California；October 1998.

［41］蔡智.溶剂脱沥青-脱油沥青气化-脱沥青油催化裂化组合工艺研究及应用［J］.当代石油石化，2007(04)：16-20，49.

［42］Kressmann S．，Colyar J. J．，Peer E．，et al. H-oil process based heavy crudes refining schemes［C］. In：Proc of 7th unitar conference on heavy crude and tar sands，Beijing，China. October 27-30，1998：857-866.

［43］Gillis D．，VanWees M．，Zimmerman P. Upgrading residues to maximize distillate yields ［C］. UOP Tech paper 2009. <www. uop. com>［Retrieved 2013-03-04］.

［44］Adelson S. V. Neftepererab Neftekhim（Moscow）. 1980(4)：32.

［45］刘鸿洲，汪燮卿. ZSM-5分子筛中引入过渡金属对催化热裂解反应的影响［J］.石油炼制与化工，2001，32(2)：48-51.

［46］Lemonidou A. A．，Vasalos I. A. Preparation and evaluation of catalysts for the production of ethylene via steam cracking：effect of operating conditions on the performance of $12CaO-7Al_2O_3$ catalyst［J］. Applied Catalysis，1989，54：119-138.

［47］Kikuchi K．，Sakamoto T．，Tomita T. Process for preparing olefins［P］. U. S. A，Patent：3767567，1973.

［48］盖希坤，田原宇，夏道宏，等.重油催化裂解技术研究进展［J］.化工进展，2011，06：1219-1223.

［49］尚会建，张少红，赵丹，等.分子筛催化剂的研究进展［J］.化工进展，2011，S1：407-410.

［50］ Aitani A. , Yoshikawa T. , Ino T. Maximization of FCC light olefins by high severity operation and ZSM–5 addition. Catalysis Today, 2000, 60(2)：111–117.

［51］ Li X. H. , Li C. Y. , Zhang J. F. , et al. Effects of temperature and catalyst to oil weight ratio on the catalytic conversion of heavy oil to propylene using ZSM–5 and USY catalysts ［J］. Journal of Natural Gas Chemistry, 2007, 16：92–99.

［52］ 申宝剑, 陈洪林, 潘惠芳. ZSM–5/Y 复合分子筛在烃类催化裂化催化剂中的应用研究［J］. 燃料化学学报, 2004, 32(6)：745–749.

［53］ 陈洪林, 申宝剑, 潘惠芳, 等. ZSM–5/Y 复合分子筛的酸性及其重油催化裂化性能［J］. 催化学报, 2004, 25(9)：715–720.

［54］ Awayssa O. , Al–Yassir N. , Aitani A. , Al–Khattaf S. Modified HZSM–5 as FCC additive for enhancing light olefins yield from catalytic cracking of VGO ［J］. Applied Catalysis A：General, 2014, 477：172–183.

［55］ Liu D. , Choi W. C. , Kang N. Y. , et al. Inter–conversion of light olefins on ZSM–5 in catalytic naphtha cracking condition ［J］. Catalysis Today. 2014；226：52–66.

［56］ 张倩, 刘植昌, 徐春明, 等. 不同硅铝比 HZSM–5 分子筛催化剂裂解制烯烃性能的研究［J］. 化学反应工程与工艺, 2002, 18(1)：86–89.

［57］ 胡尧良, Bakhshi N. N. 在 HZSM–5 催化剂上重质原油的催化裂解/重整试验［J］. 石油学报(石油加工), 1989, 01：25–32.

［58］ 李成霞, 高永地, 李春义, 等. 重油催化裂解多产乙烯丙烯催化剂的研究［J］. 燃料化学学报, 2006, 34(1)：47–50.

［59］ 袁起民, 张兆涛, 李春义, 等. 镧改性对催化裂化催化剂物化性能及抗氮性能的影响［J］. 中国石油大学学报(自然科学版), 2008, 32(2)：127–131.

［60］ Hussain A. I. , Aitani A. M. , Kubů M. , et al. Catalytic cracking of Arabian light VGO over novel zeolites as FCC catalyst additives for maximizing propylene yield ［J］. Fuel, 2016, 167：226–39.

［61］ 许玉明, 程之光. 胜利减压渣油的低温热转化［J］. 石油学报(石油化工), 1985, 1(3)：13–22.

［62］ 曹文选. 减压渣油延迟减粘工艺的某些热行为初探［J］. 石油炼制与化工, 1986, 20(03)：49–54.

［63］ Gue G. H. , Liang W. J. Thermal conversion of Shengli Residue and its constituents ［J］. Fuel, 1992, 31(2)：530–536.

[64] 陈俊武，曹汉昌．催化裂化工艺与工程[M]．北京：中国石化出版社，1995．

[65] Dehaan A. B., Graaw J. D. Mass trnsfer in supercitical extraction columns with structured packing for hydrocarbon processing [J]. Industrial Engineering Chemistry Research, 1991, 30 (11): 2463–2470.

[66] Otterstedta J. E., Geverta S. B., Jääsb S. G., et al. Fluid catalytic cracking of heavy (residual) oil fractions: a review [J]. Applied Catalysis, 1986, 22(2): 159–179.

[67] 吴诗勇．不同煤焦的理化性质及高温气化反应特性研究[D]．上海：华东理工大学，2007．

[68] Szekely J., Evans J. W., Sohn H. W. 气-固反应[M]．胡道和，译．北京：中国建筑工业出版社．1986：113–115．

[69] 盖希坤．重油快速热解气化工艺的基础研究[D]．青岛：中国石油大学(华东)，2012．

[70] Koening P. C., Squires R. G., Laurendeau N. M. Char gasification by carbon dioxide [J]. Fuel, 1986, 65(3): 412–416.

[71] Solano A. L., Mahajan O. P., Walker P. L. Reactivity of heat – treated coals in steam [J]. Fuel, 1979, 58(5): 327–332.

[72] McKee D. W. Mechanisms of the alkali metal catalysed gasification of carbon [J]. Fuel, 1983, 62: 170.

[73] McKee D. W., Chatterji D. The catalytic behavior of alkali metal carbonates and oxides in graphite oxidation reactions [J]. Carbon, 1975, 13: 381–90.

[74] Verra M. J., Bell A. T. Effect of alkali metal catalysts on gasification of coalchar [J]. Fuel, 1978, 57(4): 194.

[75] Sams D. A., Shadman F. Mechanism of potassium-catalyzed carbon/$CO_2$ reaction [J]. AIChE Journal, 1986, 32: 1132.

[76] Koening P. C., Squires R. G., Laurendeau N. M. Char gasification by carbon dioxide [J]. Fuel, 1986, 65(3): 412–416.

[77] Wen W. Mechanisms of alkali metal catalysis in the gasifieation of coal char or graphite [J]. Catalysis Reviews Science and Engineering, 1980, 22(1): 1–28.

[78] 潘英刚，刘敏芝，沈楠，等．煤加压催化气化研制城市煤气 I：大同煤和煤焦的催化气化特性[J]．华东化工学院学报，1986，12(1)：25–33．

[79] 朱珍平，崔洪，徐秀峰，等．先锋褐煤焦的铁催化 $CO_2$ 脉冲气化[J]．燃料化学学报，1997，6(3)：218–222．

[80] Huttinger K. J. , Minges R. Influence of the catalyst precursor anion in catalysis of water vapor gasification of carbon by potassium: activation of the catalyst precursors [J]. Fuel, 1986, 65 (8): 1112-1121.

[81] 谢克昌. 煤的气化动力学和矿物质的作用[M]. 山西: 山西科学教育出版社, 1990.

[82] Tyler R. J. , Smith L. W. Reactivity ofpetroleum coke to carbon dioxide between 1030 and 1180K [J]. Fuel, 1975, 54(4): 99-104.

[83] Sahimi M. , Tsotsis T. T. Statistical modeling of gas-solid reaction with pore volume growth: Kinetics regime [J]. Chemical Engineering Science, 1988, 43(1): 113-121.

[84] Wu Y. Q. , Wu S. Y. , Gu J. , et al. Differences in physical properties and $CO_2$ gasification reactivity between coal char and petroleum coke [J]. Process Safety and Environmental Protection, 2009, 87: 323-330.

[85] Bhatia S. K. , Perlmutter D. D. A random pore model for fluidsolid reactions: 1. Isothermal, kinetics control [J]. AIChE Journal, 1980, 26(3): 379-386.

[86] Hurt R. H. , Sarofim A. F. , Longwell J. P. The role of microporous surface area in the gasification of chars from a sub-bituminous coal [J]. Fuel, 1991, 70(9): 1079-1082.

[87] Dutta S. , Wen C. Y. , Belt R. J. Reactivity of coal char in carbon dioxide atmosphere [J]. Industrial Engineering Chemistry Process Design and Development, 1977, 16 (1): 20-30.

[88] Keiichiro K. , Shiro I. Gasification reactivities of metallurgical cokes with carbon dioxide, steam and their mixture [J]. Fuel, 1980, 59: 417-422.

[89] 吴治国, 张瑞驰, 汪燮卿. 炼油与气化结合工艺技术的探索[J]. 石油学报(石油加工), 2005, 21(4): 1-5.

[90] Revankar V. V. S. , Gokarn A. N. , Doraiswamy L. K. , Studies in catalytic steam gasification of petroleum coke with special reference to the effect of particle size [J]. Industry Engineering Chemical Research, 1987, 26(5): 1018-1025.

[91] Harris D. J. , Smith I. W. Intrinsic reactivity of petroleum coke and brown coal char to carbon dioxide, steam and oxygen [J]. Symposium (International) on Combustion, 1991, 23(1): 1185-1190.

[92] Arthur J. R. Reactions between carbon and oxygen [J]. Transactions of the Faraday Society, 1951, 47(1): 164.

[93] Brown C. E. , Trevor C. B. Temperature programmed oxidation of coke desposited by loctene on

cracking catalysts［J］. Energy Fuels, 1997, 11(2)：463-469.

［94］李庆峰, 房倚天, 张建民, 等. 石油焦水蒸气气化工程孔隙结构和气化速率的变化 ［J］. 燃料化学学报, 2004, 32(4)：435-439.

［95］黄胜. 石油焦的理化性质及其催化气化反应特性研究［D］. 华东理工大学, 2013.

［96］Wu Y. Q., Wang J. J., Wu S. Y., et al. Potassium-catalyzed steam gasification of petroleum coke for $H_2$ production：reactivity, selectivity and gas release ［J］. Fuel Processing Technology, 2011, 92(3)：523-530.

［97］黄胜, 吴诗勇, 吴幼青, 等. 钾催化的石油焦/水蒸气气化反应活性及产氢特性［J］. 燃料化学学报, 2012, 40(8)：912-918.

［98］胡启静, 周志杰, 刘鑫等. 氯化铁对高硫石油焦-$CO_2$气化的催化作用［J］. 石油学报 （石油加工）, 2012, 28(3)：463-469.

［99］Liu X., Zhou Z. J., Hu Q. J., et al. Experimental study on co-gasilication of coal liquefaction residue and petroleum coke ［J］. Energy Fuels, 2011, 25 (8)：3377-3381.

［100］Zhan X. L., Zhou Z. J., Wang F. C. Catalytic effect of black liquor on the gasification reactivity of petroleum coke ［J］. Applied Energy, 2010, 87(5)：1710-1715.

［101］李庆峰, 房倚天, 张建民, 等. 煤灰对石油焦水蒸气气化的影响［J］. 燃料科学与技术, 2004, 10(4)：359-363.

［102］周志杰, 熊杰, 展秀丽, 等. 造纸黑液对石油焦-$CO_2$气化的催化作用及动力学补偿效应［J］. 化工学报, 2011, 62(4)：931-939.

［103］Xie W., Peng H., Chen L. Transesterication of soybean oil catalyzed by potassium load on alumina as a solid base catalyst ［J］. Applied Catalysis A：General, 2006, 300：67-74.

［104］Viriya-empikul N., Krasae P., Nualpaeng W., et al. Biodiesel production over Ca-based solid catalysts derived from industrial wastes ［J］. Fuel, 2012, 92：239-44.

［105］Angeli S. D., Martavaltzi C. S., Lemonidou A. A. Development of a novel-synthesized Ca-based $CO_2$ sorbent for multicycle operation：Parametric study of sorption ［J］. Fuel, 2014, 127：62-69.

［106］Wu S. F., Jiang M. Z. Formation of a $Ca_{12}Al_{14}O_{33}$ nanolayer and its effect on the attrition behavior of $CO_2$-adsorbent microspheres composed of CaO nanoparticles ［J］. Industry Engineering Chemical Research, 2010, 49：12269-12275.

［107］Irvine J. T. S, West A. R. $Ca_{12}Al_{14}O_{33}$ - A possible high-temperature moisture sensor ［J］. Journal of Applied Electrochemistry, 1989, 19：410-412.

[108] Van G. D. , Buhr A. , Gnauck V. , et al. Long term high temperature stability of microporous calcium hexaluminate based insulating materials [C]. UNITECR, 1999, Berlin, Germany: 181-186.

[109] Lutz W. , R € uscher C. H. , Heidemann D. Determination of the framework and non-framework [J]. Microporous and Mesoporous Materials, 2002, 55(2): 193-202.

[110] 张玉明. 重油裂解-气化催化剂与耦合工艺基础研究[D]. 中国科学院过程工程研究所, 2013.

[111] Liu Q. , Zhong Z. Y. , Gu F. N. , et al. CO methanation on ordered mesoporous Ni-Cr-Al catalysts: Effects of the catalyst structure and Cr promoter on the catalytic properties [J]. Journal of Catalysis, 2016, 337: 221-232.

[112] Zhang Y. M. , Yu D. P. , Li W. L. , et al. Fundamental study of cracking gasification process for comprehensive utilization of vacuum residue [J]. Applied Energy 2013, 112: 1318-1325.

[113] Tang R. Y. , Tian Y. Y. , Qiao Y. Y. , et al. Light products and $H_2$-rich syngas over the bifunctional base catalyst derived from petroleum residue cracking gasification [J]. Energy Fuels 2016, 30, 8855-8862.

[114] Zhang Y. M. , Yu D. P. , Li W. L. , et al. Bifunctional catalyst for petroleum residue cracking gasification [J]. Fuel 2014, 117: 1196-1203.

[115] Biancoa A. D. , Panaritia N. , Anellia M. , et al. Thermal cracking ofpetroleum residues: 1. Kinetic analysis of the reaction [J]. Fuel, 1993, 72(1): 75-80.

[116] Li C. , Yang C. , Shan H. Maximizing propylene yield by two-stage riser catalytic cracking of heavy oil [J]. Industry Engineering Chemical Research, 2007, 46(14): 4914-4920.

[117] Gao H. H. , Wang G. , Wang H. , et al. A conceptual catalytic cracking process to treat vacuum residue and vacuum gas oil in different reactors [J]. Energy Fuels 2012, 26: 1870-9.

[118] Theologos K. N. , Lygeros A. I. , Markatos N. C. Feedstock atomization effects on FCC riser reactors selectivity [J]. Chemical Engineering Science 1999, 54: 5617-25.

[119] Wang J. , Yao Y. , Cao J. , et al. Enhanced catalysis of $K_2CO_3$ for steam gasification coal char by using $Ca(OH)_2$ in char preparation [J]. Fuel 2010, 89(2): 310-317.

[120] Take J. I. , Kikuchi N. , Yoneda Y. Base-strength distribution studies of solid-base surfaces [J]. Journal of Catalysis 1971, 1: 164-170.

[121] Hammett L. P. , Deyrup A. J. A series of simple basic indicators. II. Some applications to solu-

tions in formic acid [J]. Journal of American Chemical Society 1932, 54: 4239-4247.

[122] Bancquart S., Vanhove C., Pouilloux Y., et al. Glycerol trancesterification with methyl stearate over solid basic catalysts I Relationship between activity and basicity [J]. Applied Catalysis A: General 2001, 218 (1/2): 1-11.

[123] Zawrah M. F. Investigation of lattice constant, sintering and properties of nano Mg-Al spinels [J]. Materials Science and Engineering: A 2004, 382 (1-2): 362-370.

[124] Amenomiya Y., Pleizier G. Alkali-promoted alumina catalysts: II. Water-gas shift reaction [J]. Journal of Catalysis 1982, 76: 345-53.

[125] Zhang X., Xiang J., Hu Y., et al. Study on preparation and IR absorbency of nanoscale $Al_2O_3$[J]. China Ceramic 2004; 40: 24-7.

[126] Yanishevskii V. M. Investigation of IR absorption spectra of binary calcium aluminate glasses and products of their crystallization [J]. Journal of Applied Spectroscopy 1992, 55: 1224-8.

[127] Liao S., Zhang B., Shu X., et al. The structure and infrared spectra of nanostructured $MgO-Al_2O_3$ solid solution powders prepared by the chemical method [J]. Journal of Materials Processing Technology 1999, 89-90: 405-9.

[128] Liu H. Q. Test method for the surface basicity and base strength distribution of the solid-base catalyst [J]. Petrochemical Technology, 1984, 10: 645-648.

[129] 孟祥海, 徐春明, 高金森. 大庆常压渣油催化裂解反应规律研究[J]. 化学反应工程与工艺, 2003, 19(04): 358-364.

[130] Arutyunov V. S., Magomedov R. Gas-phase oxypyrolysis of light alkanes [J]. Russian Chemical Reviews, 2012, 81 (9): 790-822.

[131] Vislovskiy V. P., Suleimanov T. E., Sinev, M. Y., et al. On the role of heterogeneous and homogeneous processes in oxidative dehydrogenation of $C_3 \sim C_4$ alkanes [J]. Catalysis Today 2000, 61 (1-4): 287-293.

[132] Singh V. K., Ali M. M. Formation kinetics of calcium aluminates [J]. Journal of American Ceramic Society, 1990, 73(4): 872.

[133] Zahedi M., Roohpour N., Ray A. K. Kinetic study of crystallisation of sol-gel derived calcia-alumina binary compounds [J]. Journal of Alloys and Compounds, 2014, 582: 277-82.

[134] Zawrah M. F., Khalil N. M. Synthesis and characterization of calcium aluminate nanoceramics for new applications [J]. Ceramics International, 2007, 33: 1419-25.

[135] Ranjbar A. , Rezaei M. Low temperature synthesis of nanocrystalline calcium aluminate compounds with surfactant – assisted precipitation method [J] . Advanced Powder Technology, 2014, 25: 467–71.

[136] Chang Y. P. , Chang P. H. , Lee Y. T. , et al. Morphological and structural evolution of mesoporous calcium aluminate nanocomposites by microwave–assisted synthesis [J]. Microporous and Mesoporous Materials, 2014, 183: 134–42.

[137] Lacerda M. , Irvine J. T. S. , Glasser F. P. , et al. High oxide ion conductivity in $Ca_{12}Al_{14}O_{33}$ [J]. Nature, 1988, 332(7): 525–526.

[138] Xu C. , Gao J. , Zhao S. , et al. Correlation between feedstock SARA components and FCC product yields [J]. Fuel, 2005, 84: 669–674.

[139] Khang S. J. , Mosby J. F. , Catalyst deactivation due to deposition of reaction products in macropores during hydroprocessing of petroleum residuals [J] . Industrial Engineering Chemistry Process Design Development, 1986, 25: 437–42.

[140] Lu J. Y. , Zhao Z. , Xu C. M. , et al. FeHZSM–5 molecular sieves–highly active catalysts for catalytic cracking of isobutane to produce ethylene and propylene [J]. Catalysis Communication, 2006, 7: 199–203.

[141] Lu J. Y. , Zhao Z. , Xu C. M. , et al. CrHZSM–5 zeolites–highly efficient catalysts for catalytic cracking of isobutane to produce light olefins [J] . Catalysis Letters, 2006, 109: 65–70.

[142] Tang R. Y. , Tian Y. Y. , Qiao Y. Y. , et al. Bifunctional base catalyst for vacuum residue cracking gasification [J]. Fuel Processing Technology, 2016, 53: 1–8.

[143] Zhang J. H. , Che Y. J. , Wang Z. B. , et al. Coupling process of heavy oil millisecond pyrolysis and coke gasification: a fundamental study [J]. Energy Fuels, 2016, 30: 6698–6708.

[144] Wang B. , Li S. , Tian S. , et al. A new solid base catalyst for the transesterification of rapeseed oil to biodiesel with methanol [J]. Fuel. 2013, 104: 698–703.

[145] Viriya–empikul N. , Krasae P. , Nualpaeng W. , et al. Biodiesel production over Ca–based solid catalysts derived from industrial wastes [J]. Fuel. 2012, 92: 239–44.

[146] Lee D. K. , Kogel L. , Ebbinghaus S. G. , et al. Defect chemistry of the cage compound, $Ca_{12}Al_{14}O_{33} - \delta$ – understanding the route from a solid electrolyte to a semiconductor and electride [J]. Physical Chemistry Chemical Physics, 2009, 11: 3105–3114.

[147] Tsvetkov D. S. , Steparuk A. S. , Zuev A. Y. Defect structure and related properties of mayen-

ite $Ca_{12}Al_{14}O_{33}$ [J]. Solid State Ionics, 2015, 276: 142-8.

[148] Trivedi S. , Prasad R. , Reactive calcination route for synthesis of active $Mn-Co_3O_4$ spinel catalysts for abatement of $CO-CH_4$ emissions from CNG vehicles [J], Journal of Environmental Chemical Engineering. 2016, 4: 1017-1028.

[149] Cai T. , Huang H. , Deng W. , et al, Catalytic combustion of 1, 2-dichlorobenzene at low temperature over Mn-modified $Co_3O_4$ catalysts [J], Applied Catalysis B: Environmental. 2015, 166-167: 393-405.

[150] Gonçalves M. L. A. , Ribeiro D. A. , Teixeira A. M. R. F. , et al. Influence of asphaltenes on coke formation during the thermal cracking of different Brazilian distillation residues [J]. Fuel, 2007, 86: 619-23.

[151] Meng X. H. , Xu C. M. , Gao J. S. Coking behavior and catalyst deactivation for catalytic pyrolysis of heavy oil [J]. Fuel, 2007, 86: 1720-6.

[152] Jeon H. J. , Park S. K. , Woo S. I. Evaluation of vanadium traps occluded in resid fluidized catalytic cracking (RFCC) catalyst for high gasoline yield [J]. Applied Catalysis A: General, 2006, 306: 1-7.

[153] Umeki K. , Yamamoto K. , Namioka T. , et al. High temperature steam-only gasification of woody biomass [J]. Applied Energy, 2010, 87: 791-8.

[154] Li J. F. , Xiao B. , Yan R. , et al. Development of a supported tri-metallic catalyst and evaluation of the catalytic activity in biomass steam gasification [J]. Bioresource Technology, 2009, 100 (21): 5295-5230.

[155] Xie Y. R. , Xiao J. , Shen L. H. , et al. Effects of Ca-based catalysts on biomass gasification with steam in a circulating spout-fluid bed reactor [J]. Energy&Fuels, 2010, 24 (5): 3256-3261.

[156] Zhao C. S. , Lin L. S. , Pang K. L. , et al. Experimental study on catalytic steam gasification of natural coke in a fluidized bed [J]. Fuel Processing Technology, 2010, 91 (8): 805-809.

[157] 刘娇, 李寒旭, 朱邦阳, 等. 氧化钙对石油焦二氧化碳气化反应的影响[J]. 广东化工, 2013, 40 (3): 9-10.

[158] Wu Y. Q. , Wu S. Y. , Gu J. , et al. Differences in physical properties and $CO_2$ gasification reactivity between coal char and petroleum coke [J]. Process Safety and Environmental Protection, 2009, 87(5): 323-330.

[159] Zou J. H., Zhou G. J., Wang F. C. Modeling reaction kinetics of petroleum coke gasification with $CO_2$[J]. Chemical Engineering and Processing: Process Intensification, 2007, 46(7): 630-636.

[160] 李庆峰, 房倚天, 张建民, 等. 石油焦水蒸气气化过程孔隙结构和气化速率的变化[J]. 燃料化学学报, 2004, 32(4): 435-439.

[161] Hayashi K., Hirano M., Matsuishi S., et al. Microporous crystal $12CaO \cdot 7Al_2O_3$ encaging abundant O-radicals [J]. Journal of American Chemical Society, 2002, 5: 738-739.

[162] Imlach J. A., Dent Glasser L. S., Glasser F. P. Excess oxygen and the stability of "$12CaO \cdot 7Al_2O_3$" [J]. Cement and Concrete Research, 1971, 1: 57.

[163] 盖希坤, 卢艺, 杨瑞芹, 等. 碳-水蒸气气化反应新机理探讨[J]. 化学世界, 2015, 8: 491-495.

[164] Sharma A., Takanohashi T., Morishitaetal K. Low temperature catalytic steam gasification ofHyper coal to produce $H_2$ and synthesis gas [J]. Fuel, 2008, 87(4): 491-497.

[165] Wang J., Jiang M. Q., Yao Y. H., et al. Steam gasification of coal char catalyzed by $K_2CO_3$ for enhanced production of hydrogen without formation ofmethane [J]. Fuel, 2009, 88: 1572-1579.

[166] Tomita A., Watanabe Y., Outsuka Y. S., et al. Nickel-catalyzed gasification of brown coal in a fluidized bed reaetor at atmospheric pressure [J]. Fuel, 1983, 64(6): 795-800.

[167] Capucine D., Timothee N., Jose A., et al. Kinetic modelling of steam gasification of various woody biomass chars: influence of inorganic elements [J]. Bioresource Technology, 2011, 102 (20): 9743-9748.

[168] Chihiro F., Tomoko W., Atsushi T. Inhibition of steam gasification of biomass char by hydrogen and tar [J]. Biomass and Bioenergy, 2011, 35(1): 179-185.

[169] 赵宏博, 蔡皓宇, 程树森, 等. 钾、钠对焦炭劣化作用[J]. 北京科技大学学报, 2013, 35 (04): 438-447.

[170] Fuertes A. B., Pis J. J., Perez A. J., et al. Kinetic study of the reaction of a metallu rgical coke with $CO_2$[J]. Solid State Ionics, 1990, 38(1-2): 75-80.

[171] Coats A. W., Redfern J. P. Kinetic parameters from thermogravimetric data [J]. Nature, 1964, 201.